教育部职业教育与成人教育司推荐教材

中等职业学校建筑（市政）施工专业教学用书

建筑工程测量

第 2 版

主　编　方　坤　李明庚

副主编　张敬伟　汤贵云

参　编　单英杰　宋晓弟

主　审　宗洪彪

机械工业出版社

本书共9个单元，内容包括：绪论、水准测量、角度测量、距离测量与直线定向、地形图及其应用、建筑施工测量、建筑物变形观测和竣工总平面图编绘、道路和管线施工测量、全站仪及 GNSS 全球导航卫星系统的应用。全书内容浅显，注重知识介绍的深入浅出，每单元有学习目标、单元总结和复习思考题，书后附有能力训练手册，以加强对学生实际操作能力的培养，同时方便授课教师的教学安排。

本书可作为中等职业学校土建类专业教材，也可作为相关行业岗位培训教材或自学用书。

本书配套电子课件，凡选用本书作为授课教材的教师可登录机械工业出版社教育服务网 www.cmpedu.com，以教师身份免费注册下载。编辑咨询电话：010-88379934，机械工业出版社职教建筑 QQ 群：221010660。

图书在版编目（CIP）数据

建筑工程测量/方坤，李明庚主编.—2 版.—北京：机械工业出版社，2019.2（2022.8 重印）

教育部职业教育与成人教育司推荐教材　中等职业学校建筑（市政）施工专业教学用书

ISBN 978-7-111-61894-2

Ⅰ.①建…　Ⅱ.①方…　②李…　Ⅲ.①建筑测量–中等专业学校–教材　Ⅳ.①TU198

中国版本图书馆 CIP 数据核字（2019）第 018408 号

机械工业出版社（北京市百万庄大街22 号　邮政编码100037）
策划编辑：沈百琦　　　　责任编辑：沈百琦
责任校对：张　征　佟瑞鑫　封面设计：鞠　杨
责任印制：单爱军
北京虎彩文化传播有限公司印刷
2022 年 8 月第 2 版第 5 次印刷
184mm×260mm · 10.75 印张 · 249 千字
标准书号：ISBN 978-7-111-61894-2
定价：29.00 元

电话服务	网络服务
客服电话：010-88361066	机 工 官 网：www.cmpbook.com
010-88379833	机 工 官 博：weibo.com/cmp1952
010-68326294	金 书 网：www.golden-book.com
封底无防伪标均为盗版	机工教育服务网：www.cmpedu.com

第2版前言

本书自第1版出版以来受到广大师生欢迎，市场反馈较好，但随着测量技术不断进步、相关标准更新，以及职业教育的改革、学科的发展，部分内容更新迫在眉睫。本书根据《建设行业技能型紧缺人才培养指导方案》，并参照有关国家职业标准、规范标准和行业岗位要求进行编写。

与第1版相比，第2版增加了若干知识点例题，优化了部分计算表格，更新了部分规范指标要求，尤其对全站仪及全球定位系统的应用做了较大篇幅的修改。在保留原书特色的基础上，具体从以下方面进行了修订：

1. 更新标准规范，如《工程测量规范》（GB 50026—2007）和《全球定位系统（GPS）测量规范》（GB/T 18314—2009）等。

2. 更新部分计算及相关内容，如 GNSS 全球导航卫星系统做了较大篇幅修改。

3. 在建筑测量能力训练手册中，优化部分表格、详细部分作业方法。

本书由方坤、李明庚担任主编。具体编写分工如下：单元1、单元4、单元5由汤贵云、李明庚编写；单元2、单元3由宋晓弟、李明庚编写；单元6、单元7由张敬伟编写；单元8、单元9由方坤、单英杰编写。

本书由宜兴技师学院宗洪彪副教授担任主审，对书稿提出了很多宝贵意见，在此表示衷心感谢。

由于编者水平有限，书中错误和缺点在所难免，恳请读者提出宝贵意见，以便修改。

编　者

本书配套微课（见二维码清单）、电子课件，凡选用本书作为授课教材的教师可登录机械工业出版社教育服务网 www.cmpedu.com，以教师身份免费注册下载课件。编辑咨询电话：010-88379934，机械工业出版社职教建筑 QQ 群：221010660。

第1版前言

本书是根据教育部和建设部制定的《中等职业学校建设行业技能型紧缺人才培养培训指导方案》中相关教学内容与教学要求，并参照国家有关职业标准和行业岗位要求编写的中等职业教育国家规划教材。

本书主要特色是：（1）知识面宽，结合测量放线工的岗位要求，涵盖了新颁布的测量放线课程教学基本要求中所有的知识点；（2）内容浅显，注重知识介绍的深入浅出，每单元有学习目标、单元总结和复习思考题；（3）实用性强，重点介绍水准仪、经纬仪、全站仪的构造和使用，注重对学生实际操作能力的培养，并附能力训练手册，方便学生实训；（4）结合工程实际突出新意，采用了新技术、新方法和新规范；（5）增加了职业道德培养的内容。

本教材的教学时数为 64 学时，各单元学时分配见下表（供参考）。

章　次	学　时　数		章　次	学　时　数	
	理　论	实　践		理　论	实　践
单元 1	2		单元 6	8	4
单元 2	4	8	单元 7	2	
单元 3	4	6	单元 8	4	
单元 4	4	2	单元 9	4	4
单元 5	4		综合训练	2～3 周	

本书由李明庚担任主编。具体编写分工如下：单元 1、单元 4、单元 5 由汤贵云、李明庚编写；单元 2、单元 3 由宋晓弟、李明庚编写；单元 6、单元 7 由张敬伟编写；单元 8、单元 9 由单英杰、李明庚编写。

本书通过全国中等职业教育教材审定委员会审定，由宜兴技师学院宗洪彪副教授担任主审，对书稿提出了很多宝贵意见，在此表示衷心感谢。

在本书编写过程中，还得到了江苏建发建设有限公司朱国豪高级工程师的支持和帮助，在此一并表示衷心感谢。由于编者水平有限，书中错误和缺点在所难免，恳请读者提出宝贵意见，以便修改。

编　者

二维码清单

序号	名称	图形
1	2-2 水准尺读数	
2	2-2 水准仪整平	
3	3-3 测回法测量水平角	
4	3-4 竖直角测量	
5	9-1 全站仪对中整平	
6	9-1 全站仪坐标定向	
7	9-1 全站仪坐标放样	

目　录

单元1

绪　　论

 单元概述

　　测量学是一门研究地球表面的形状和大小、确定地面点之间相对位置的科学。建筑工程测量是测量学的一个重要组成部分，其主要任务是测绘大比例尺地形图、施工放样及竣工测量和建筑物变形观测。大地水准面和铅垂线是测量工作的基准面和基准线。地面一个点的位置是由其高程 H 和平面直角坐标 x、y 来确定的。本单元主要介绍测量学的研究内容和测量学的基础知识。

知识目标

1. 了解建筑工程测量的研究内容和任务。
2. 了解地球的形状和大小的概念及研究方法。
3. 掌握测量常用坐标系统、地球表面点位置的确定方法及测量原理。

课题1　建筑工程测量的任务

1.1.1　建筑工程测量的研究对象

　　测量学是研究如何确定地面点之间的相对位置的科学，其研究对象主要是地球的表面，研究内容主要是地球的形状和大小及地球的表面几何形状。建筑工程测量是测量学的一个组成部分，它是研究在建筑工程的勘测、设计、施工和运营阶段所进行的测量工作的理论、技术和方法的学科。

1.1.2　建筑工程测量的主要任务

　　（1）测绘大比例尺地形图　在工程规划设计阶段，把各种地面物体的位置和形状及地面的起伏形态，依据规定的符号和比例尺绘成地形图，为工程建设的规划设计提供各种比例尺地形图和测绘资料。

　　（2）建筑物的施工测量　在施工阶段，不仅要将图纸上设计好的建（构）筑物的平面位置和高程按设计要求在地面上标定出来，还要进行轴线投测、高程引测及抄平和竖向控制等工作，以便为施工提供依据。

（3）建筑物的变形观测 在施工和运营管理阶段，为了确保安全和质量，对一些重要的建（构）筑物定期进行变形观测。

1.1.3 测量放线工

建筑工程测量在建筑（市政）行业中对应的就业岗位是测量放线工，测量放线工的主要工作任务是利用测量仪器和工具，测量建筑物的空间位置和标高，并按施工图放实样、确定平面尺寸。

课题2 地面点位的确定

1.2.1 地球的形状和大小

地球是椭球体，平均半径为6371km。地球的表面高低起伏，由我国测量工作者测定的世界最高峰珠穆朗玛峰高达8844.43m，而海洋最深处马里亚纳海沟深达11022m。地球表面海洋面积约占71%，陆地面积约占29%。地球表面可看作由一个处于完全静止和平衡的状态、没有潮汐风浪等影响的海水表面以及由它延伸穿过陆地并处处保持着与铅垂线方向成正交这一特征而形成的闭合曲面。

人们假设：以一个静止不动的海水面延伸穿越陆地，形成一个闭合的曲面包围整个地球，这个闭合曲面称为水准面。水准面处处与铅垂线成正交，水准面有无数个。与水准面相切的平面称为水平面。验潮站测定的平均海水面，称为大地水准面。大地水准面仅有一个。测量上，将铅垂线（重力方向线）作为测量工作的基准线，将大地水准面、水平面作为测量基准面。

1.2.2 地面点位确定

地面点的位置是由三个量来确定，即点的平面位置（x，y）和点的高程（H）。

1. 地面点的高程

测量上通常以国家统一的高程起算面和根据工程实际假定的高程起算面作为高程基准面。国家统一的高程起算面是大地水准面。地面点到大地水准面的铅垂距离，称为绝对高程或海拔，简称高程，用 H 表示。我国目前采用的大地水准面是以青岛验潮站于1952年至1979年所测定的黄海平均海水面作为大地水准面，叫作"1985国家高程基准"，根据"1985高程基准"推算出青岛水准原点的高程为72.260m。地面点到假定水准面的铅垂距离，称为相对高程，用 H' 表示。在建筑工程中把建筑物各部位的高度以 ±0.000 作为高程起算面得到的相对高程，称为建筑标高。

地面两点的高程之差称为高差，用 h 表示，如图1-1所示。

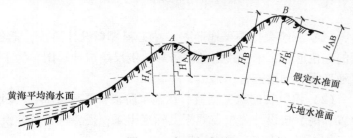

图 1-1 高程与高差

A、B 两点的高差为 $\qquad\qquad h_{AB} = H_B - H_A \qquad\qquad$ (1-1)

B、A 两点的高差为 $\qquad\qquad h_{BA} = H_A - H_B \qquad\qquad$ (1-2)

在实际计算时，高差会出现正负之分。如果 h_{AB} 为正值，表示 B 点高于 A 点，反之则表示 A 点高于 B 点。

2. 地面点的平面位置

确定地面点的平面位置常用平面直角坐标法。测量平面直角坐标系如图1-2所示，规定以南北方向为纵轴，记为 x 轴，x 轴向北为正；以东西方向为横轴，记为 y 轴，y 轴向东为正。坐标象限从 x 轴北方向起，顺时针分别编号为第Ⅰ、Ⅱ、Ⅲ、Ⅳ象限。（注：与数学上的直角坐标系不同。）

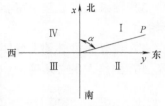

图1-2　平面直角坐标系

地面点的平面位置的确定，就是将地面点沿着铅垂方向投影到坐标平面上，再分别对 x 轴和 y 轴作垂线，垂线与纵横轴的交点即为纵横坐标值。

课题3　测量工作概述

1.3.1　测量的基本工作

测量工作的实质是确定地面点的位置。而点的平面位置（x，y）和高程（H）是不能直接测量出来的，是通过测量水平角、水平距离和高差间接推算出来的。

如图1-3所示，经过一点 B 分别到另外两点 A、C 的空间直线在水平面上的投影所成角度 β，即水平角。地面点 A、B 在水平面上的投影 ab 即 AB 的水平距离。设 A、B 为坐标、高程都已知的点，C 点为待定点，a、b、c 三点是 A、B、C 三点在水平面上的投影位置。那么在 $\triangle abc$ 中，只要测出一条未知边和一个角（或两个角、或两条边），就可以推算出 C 点的坐标。因此，测定地面点的坐标主要是测量水平距离和水平角。而求 C 点的高程，就要测量出 h_{AC}（或 h_{BC}），然后推算出 C 点的高程，所以测定一点的高程主要是测量高差。

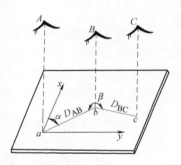

图1-3　投影图

1.3.2　测量工作的原则

1）布局上"先整体后局部"，工作次序上"先控制后碎部"。无论是测绘地形图还是建筑物的施工放样，要在某一点上测绘该地区所有的地物和地貌或测设建筑物的全部细部是不可能的。在具体测量工程中，为了减少误差的累积，保证测量的精度，就需要在布局上采用"先整体后局部"，次序上采用"先控制后碎部"的原则进行测量。

2）前一步工作未作检核，不进行下一步工作。为了避免错误的成果对于测量工作的影响，测量人员必须重视对测量工作的检核，认真做好测量成果的检查。因此，在测量中必须采用"前一步工作未作检核，不进行下一步工作"原则。工程上，"交接桩"工作就是这一原则的体现。

1.3.3 测量工作的职业道德要求

1）测量工作是建筑施工的先导，也是建筑工程质量的必要保证，测量工作必须严格按相关测量规范进行，要求测量人员认真学习、执行测量规范、规程。

2）测量工作必须遵守"先整体后局部，先控制后细部"和"前一步工作未做检核不进行下一步工作"的原则。

3）测量人员必须坚持实事求是的科学态度，保持测量资料和成果的真实性、客观性、原始性。

4）测量人员必须发扬团结、协作的精神，发扬不畏艰难的艰苦奋斗的精神。

5）测量人员必须爱护和保护好测量仪器和工具，使测量仪器和工具保持完好状态。

1.3.4 测量记录和计算的基本要求

测量记录的基本要求：原始真实、数字正确、内容完整、字体工整、不用橡皮擦、不得转抄。测量计算的基本要求：依据正确、方法科学、计算有序、步步校核、结果可靠。

课题 4 测量误差概述

1.4.1 测量误差

在测量工作中，某量的观测值与该量的真实值（真值）之间必然存在着微小的差异，这个差异称为误差。测量误差 = 观测值 – 真值。但有时由于人为的疏忽或措施不全也会造成观测值与真值之间存在着较大的差异，这不属于误差，而是错误。误差与错误的根本区别在于前者是不可避免的，而后者则可以通过仔细、认真和规范的工作加以避免。

1.4.2 测量误差的来源

测量误差产生的原因主要有以下三个方面：

1）仪器方面的误差。

2）观测者感官能力有限。

3）外界环境影响的误差。

测量成果的精确程度称为精度，精度的高低取决于观测时的仪器、人员和外界环境所构成的观测条件。

1.4.3 测量误差的分类及性质

测量误差可分为两类：系统误差和偶然误差。

1. 系统误差

在同一观测条件下，对某量测得的一系列观测值，其误差的数值、符号或保持不变，或按一定规律变化，这种误差称为系统误差。系统误差有以下特点：

1）系统误差的大小（绝对值）为一常数或按一定规律变化。

2）系统误差的符号（正、负）保持不变。

3）系统误差具有累积性。

4）系统误差具有可消减性。找出系统误差产生的原因与规律，通过计算改正或改变观测条件使误差消减。

常见的系统误差有尺长误差、i 角误差、竖盘指标差等。

2. 偶然误差

在同一观测条件下，对某量测得的一系列观测值，其误差的数值、符号都表现出偶然性，这种误差称为偶然误差。偶然误差有以下特点：

1）偶然误差的大小（绝对值）不超过一定的限值，即大误差出现的有界性。

2）绝对值较小的误差比绝对值较大的误差出现的可能性大，即小误差出现的密集性。

3）绝对值相等的正误差和负误差出现的可能性相等，即正、负误差出现的对称性。

4）偶然误差的算术平均值，随观测次数的无限增加而趋近于零，即全部误差出现的抵消性。

常见的偶然误差有对中误差、水准读数误差等。

单 元 小 结

1. 定义：测量学是一门研究地球表面的形状和大小、确定地面点之间相对位置的科学。

2. 建筑工程测量的主要任务（见表1-1）。

表　1-1

阶　　段	任　　务	主　要　内　容
勘测	测图	地形图
设计	用图	地形图的综合应用
施工	放样	定位、放线、抄平、变形观测
运营	监测	变形观测

3. 基准面（见表1-2）。

表　1-2

名　　称	定　　义	性　　质	用　　途
水准面	自由平静的水面	处处与重力方向线正交	作为假定高程的起算面
大地水准面	自由平静的平均海水面		能代表地球形状和大小，作为高程基准面
高程基准面	地面点高程的起算面		作为高程计算的零点

4. 坐标轴系（见表1-3）。

表 1-3

名 称	定 义	方 式	用 途
平面直角坐标	用平面上的长度值表示地面点位的直角坐标	以南北方向纵轴为 x 轴，自坐标原点向北为正，向南为负。以东西方向横轴为 y 轴，自坐标原点向东为正，向西为负。象限按顺时针编号	适用于小范围的平面直角坐标系；确定点的相对位置

5. 高程。

绝对高程：地面上任意一点到大地水准面的铅垂距离，称为该点的绝对高程，简称高程。

相对高程：地面点到假定水准面的铅垂距离称为该点的相对高程。

建筑标高：建筑物各部位的高度以 ±0.000 作为高程起算面得到的相对高程，称为建筑标高。

高差：两个地面点之间的高程之差称为高差。

 复习思考题

1-1　建筑工程测量的任务是什么？

1-2　什么是绝对高程？什么是相对高程？ ±0.000 在建筑施工中是指什么？它是什么高程？

1-3　测量平面直角坐标系与数学平面直角坐标系有何不同？

1-4　测量的基准面、基准线分别是什么？

1-5　测量工作应遵循的原则是什么？

1-6　测量工作的职业道德要求是什么？

1-7　测量误差可分为哪几大类？各有何特点？

1-8　上网查找关于我国水准原点的知识。

1-9　上网查找测量世界最高峰高程的有关知识。

单元2

水 准 测 量

单元概述

本单元主要介绍水准测量的原理和方法，水准仪的构造、使用及其检校，水准测量的误差来源及消除方法，水准路线施测方法及数据处理以及自动安平水准仪、电子水准仪的基本构造和使用方法。

知识目标

1. 掌握水准测量的基本原理。
2. 了解水准仪构造、水准测量的路线。
3. 熟练掌握水准测量成果数据处理。

技能目标

1. 熟练掌握水准仪的使用。
2. 熟练进行普通水准测量。
3. 能够对水准仪进行检验和简易校正。
4. 具备分析水准测量误差的能力。

课题1 水准测量原理

2.1.1 高程测量的概念

确定地面点高程的工作称为高程测量。高程测量按所使用的仪器和施测方法的不同，主要有水准测量、三角高程测量和气压高程测量等。水准测量是利用水准仪测定地面点高程的工作，是高程测量中最常用的一种方法。

2.1.2 水准测量的原理

水准测量是利用水准仪提供的水平视线，通过读取竖立在两点上水准尺的读数，求得两点间的高差，从而由已知点高程推求得到未知点高程。

如图2-1所示，设已知 A 点高程为 H_A，用水准测量方法求未知点 B 的高程 H_B。在 A、B

两点中间安置水准仪，并在 A、B 两点上分别竖立水准尺，根据水准仪提供的水平视线在 A 点水准尺上读数为 a，在 B 点的水准尺上读数为 b，则 A、B 两点间的高差为

$$h_{AB} = a - b \qquad (2-1)$$

设水准测量是由 A 点向 B 点方向进行，如图 2-1 中前进方向箭头所示，A 点的高程是已知的，则称 A 点为后视点，其水准尺读数 a 为后视读数；B 点的高程是未知的，则 B 点为前视点，

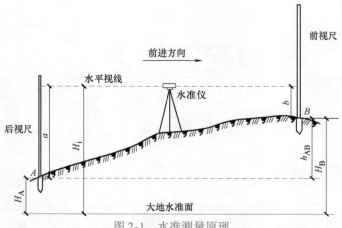

图 2-1 水准测量原理

其水准尺读数 b 为前视读数。由此可见，两点之间的高差一定是"后视读数"减"前视读数"。如果 $a > b$，则高差 h_{AB} 为正，表示 B 点比 A 点高；反之，$a < b$，则高差 h_{AB} 为负，表示 B 点比 A 点低。

在计算高差 h_{AB} 时，一定要注意 h_{AB} 的下标的写法：h_{AB} 表示 A 点至 B 点的高差，h_{BA} 则表示 B 点至 A 点的高差，两个高差应该是绝对值相同而符号相反，即

$$h_{AB} = -h_{BA} \qquad (2-2)$$

1. 高差法求未知点的高程

测得 A、B 两点间高差 h_{AB} 后，则未知点 B 的高程 H_B 为

$$H_B = H_A + h_{AB} = H_A + (a - b) \qquad (2-3)$$

2. 视线高法求未知点的高程

由图 2-1 可以看出，B 点高程也可以通过水准仪的视线高程 H_i（也称为仪器高程）来计算，视线高程 H_i 等于 A 点的高程加 A 点水准尺上的后视读数 a，即

$$H_i = H_A + a \qquad (2-4)$$

则

$$H_B = H_i - b \qquad (2-5)$$

在只需安置一次水准仪就能同时确定若干个未知点的高程时，采用视线高法较为方便，这在建筑工程中经常用到。

3. 连续水准测量

如果在实际水准测量中 A、B 两点间高差较大或相距较远，不可能安置一次（一测站）水准仪即能测定两点间的高差时，就要在 A 点至 B 点的水准路线上增设若干个必要的临时立尺点，称为转点，常用字母 TP 表示。根据水准测量原理依次连续地在两个立尺点中间安置水准仪来测定相邻各点间高差，最后取各个测站高差的代数和，即求得两点间的高差值，这种方法称为连续水准测量。如图 2-2 所示，欲求 h_{AB}，在 A 点至 B 点水准路线上增设 $n-1$ 个临时立尺点（转点）TP.1 ~ TP.$n-1$，安置 n 次水准仪，依次连续地测定相邻两点间高差 $h_1 \sim h_n$，即

$$h_1 = a_1 - b_1$$
$$h_2 = a_2 - b_2$$
$$\cdots \quad \cdots \quad \cdots$$
$$h_n = a_n - b_n$$

则
$$h_{AB} = h_1 + h_2 + \cdots + h_n = \sum h = \sum a - \sum b \quad (2\text{-}6)$$

式中，$\sum a$ 为后视读数之和，$\sum b$ 为前视读数之和，则未知点 B 的高程为

$$H_B = H_A + h_{AB} = H_A + (\sum a - \sum b) \quad (2\text{-}7)$$

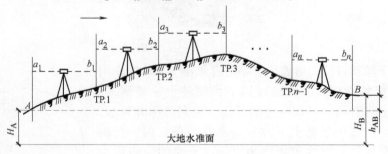

图 2-2　连续水准测量

A、B 两点间水准路线上增设的转点起着传递高程的作用。为了保证高程传递的正确性，在连续水准测量过程中，转点要选择在土质稳固的地面上（宜安放尺垫），而且在相邻测站的观测过程中，要保持转点（尺垫）稳定不动；同时要尽可能保持各测站的前后视距大致相等；还要尽可能通过调节前、后视距离保持整条水准路线中的前视视距之和与后视视距之和相等，这样有利于消除（或减弱）地球曲率、仪器 i 角误差、大气折光对高差的影响。

课题2　水准仪及其操作

水准仪是水准测量的主要仪器。水准仪分为 DS_{05}、DS_1、DS_3、DSZ_{05}、DSZ_2 和 DSZ_1 等几种型号。D 和 S 表示中文"大地测量"和"水准仪"中的"大"字和"水"字的汉语拼音的第一个字母，Z 表示仪器带有自动安平功能；下标 05、1、2 等数字表示仪器的精度，指该类仪器水准测量时每公里往、返测得的高差中数的偶然误差值，单位 mm。目前自动安平水准仪是工程中常用的仪器。

2.2.1　自动安平水准仪构造

自动安平水准仪由望远镜、水准器、基座和自动补偿装置组成。如图 2-3 所示为苏一光 DSZ_2 型自动安平水准仪。

1. 望远镜

望远镜的主要作用是使观测者能看清远处目标，并能提供一条照准水准尺读数用的视线，主要由物镜、目镜、对光透镜和十字丝分划板组成。通过调焦螺旋调节对光透镜可使不同距离的目标均能成像在十字丝平面上。目镜的作用是放大，人眼通过目镜去观察，可同时

图 2-3 苏一光 DSZ₂ 型自动安平水准仪

看清放大的十字丝和目标的影像。十字丝（见图 2-4）的作用是提供照准目标的指标线，可通过调节目镜使十字丝清晰。十字丝分划板上刻有两条互相垂直的长线，竖直的称为竖丝，水平的称为中丝，在中丝的上下方分别刻有两条互相平行的短线，称为视距丝，上面的短线称为上丝，下面的短线称为下丝。十字丝中央交点和物镜光心的连线称为视准轴。

2. 水准器

水准器是用来标志竖轴是否铅垂、视线是否水平的装置。水准器有两种：圆水准器和管水准器，圆水准器精度较低，管水准器精度较高。自动安平水准仪无管水准器，但在仪器内装有自动安平补偿装置，使用时只需要圆水准器粗略整平，然后借助补偿器自动地把视准轴置平。

图 2-4 十字丝

3. 基座

基座主要由轴座、脚螺旋和连接板组成。仪器上部通过竖轴插入轴座内，由基座承托，整个仪器用连接螺旋与三脚架连接。

4. 补偿装置

补偿装置的结构有许多种，大都是悬吊式光学元件（如屋脊棱镜、直角棱镜等）借助于重力作用达到视线自动安平的目的，也有借助于空气或磁性的阻尼装置稳定补偿器的摆动。图 2-3 国产 DSZ₂ 自动安平水准仪，是采用悬吊棱镜组的补偿器借助重力作用达到自动安平的目的。如图 2-5 所示，补偿器安在望远镜光路上距十字丝距离 $d = f/4$ 处，则当视准轴微小倾斜 α 角时，倾斜视线经补偿器两个直角棱镜反

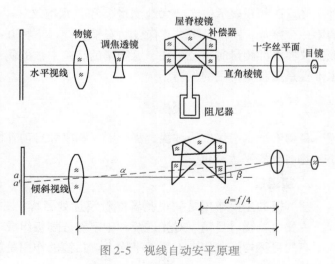

图 2-5 视线自动安平原理

射，使水平视线偏转 β 角，正好落在十字丝交点上，观测者仍能读到水平视线的读数，从而达到了自动安平的目的。

有的精密自动安平水准仪（如 Ni007）它的补偿器是一块两次反射直角棱镜，用薄弹簧片悬挂成重力摆，用空气阻尼，瞄准水准尺后，一般约 2~4 秒后就可静止，此时可进行读数。

2.2.2 水准尺、尺垫和三脚架

水准尺是水准测量时使用的标尺，通常用不易变形的优良木材、玻璃钢或铝合金制成，要求尺长稳定、刻划准确耐磨。水准尺有双面直尺（见图 2-6a）和塔尺（见图 2-6b）两种。

双面水准尺多用于三、四等及普通水准测量，其长度为 2m 或 3m，两根为一副，每隔 1cm 印有黑白或红白相间的分划，每分米处注有数字。对一副水准尺而言，两尺黑面的尺底端都从零开始注记，而两尺的红面底端分别从常数 4.687m 和 4.787m 开始注记，称为尺常数 K，可作为水准测量时读数检核。

塔尺由三节小尺套接而成，其长度可达 5m。塔尺伸缩自由，携带方便，在基坑测量、土方平整等工程项目应用广泛，但使用时应注意伸缩按钮连接处是否稳固。

尺垫（见图 2-7）一般由三角形的铸铁制成，下面有三个尖脚，便于使用时将尺垫踩入土中，使之稳固。

a) b)

图 2-6 水准尺

a) 双面直尺 b) 塔尺

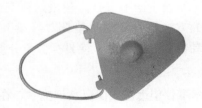

图 2-7 尺垫

三脚架是水准仪的附件，用以安置仪器，由木质或铝合金制成。脚架可伸缩，以便于携带及调整仪器高度，使用时用中心连接螺旋与仪器紧固。

2.2.3　自动安平水准仪的使用

自动安平水准仪的使用包括安置仪器、整平、对光照准、读数。

1. 安置仪器

在架设仪器处，打开三脚架，通过目测，使架头大致水平且高度适中，以在观测者的胸颈部为宜，将仪器从箱中取出，用连接螺旋将仪器固定在三脚架上。在较松软的泥土地面，为防止仪器因自重下沉，务必把三脚架的两腿踩实。然后，根据圆水准器气泡的位置，上、下推拉，左、右微转脚架的第三只腿，使气泡尽可能靠近圆圈中心位置，在不大幅度改变架头高度情况下，放稳脚架的第三只腿。

2. 整平

通过调节三个脚螺旋使圆水准器居中，从而使仪器竖轴大致铅垂，此时自动安平补偿装置起作用把视准轴置平。具体操作方法如图2-8所示，图中外围三个圆圈为脚螺旋，中间为圆水准器，虚线圆圈代表气泡所在位置，虚线箭头方向代表螺旋的旋转方向。

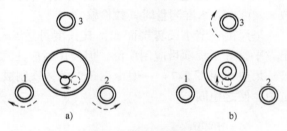

图 2-8　圆水准器整平

首先，用双手按箭头所指方向转动脚螺旋1、2，如图2-8a所示，使圆气泡移到这两个脚螺旋连线方向的中间，然后再按图2-8b中箭头所指方向，用左手转动脚螺旋3，使圆气泡居中（即位于小黑圆圈中央）。在整平的过程中，气泡移动的方向与左手大拇指转动脚螺旋时的移动方向一致。

3. 对光照准

1）将望远镜瞄准明亮背景（如天空或白色明亮物体），转动目镜调焦螺旋使十字丝清晰。

2）转动望远镜，利用准星粗略瞄准目标后转动物镜调焦螺旋，使目标清晰。

3）转动微动螺旋，使十字丝位于水准尺中央，精确照准目标。

4）消除视差。视差是指当眼睛在目镜端上下微微移动时，十字丝与目标像之间有相对运动而导致读数不同的现象。产生视差的原因是目标成像的平面与十字丝平面不重合。视差的存在影响读数的准确性，必须予以消除。消除的方法是先转动目镜调焦螺旋，使十字丝清晰，然后瞄准目标，再轻轻转动物镜调焦螺旋，使目标像十分清晰，反复进行，直至视差消除。

4. 读数

目前水准仪望远镜成像以正像为主，在读数时应从水准尺刻画从下往上读，一般先估读毫米，再精确读出米、分米、厘米，共计四位数。如图2-9所示中水准尺的中丝读数为1.393m，其中末位3为估读的毫米数，可读记

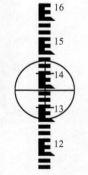

图 2-9　水准尺

为1393，单位为mm。有的自动安平水准仪配有自动安平钮，每次读数前需按一下才能使补偿器起作用，使用时应先仔细阅读仪器说明书。

课题3 普通水准测量及其成果整理

2.3.1 水准点

用水准测量的方法测定的高程控制点，称为水准点，常用BM（英文水准点的缩写）表示。水准点分为永久性水准点和临时性水准点两种。国家等级永久性水准点埋设形式如图2-10所示，一般用钢筋混凝土或石料制成，标石顶部嵌有不锈钢或其他不易锈蚀的材料制成的半球形标志，标志最高处（球顶）作为高程起算基准。有时永久性水准点的金属标志也可以直接镶嵌在坚固稳定的永久性建筑物的墙脚上，称为墙上水准点，如图2-11所示。

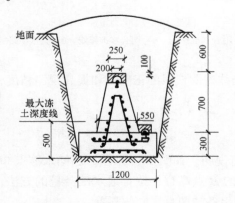

图2-10 国家等级永久性水准点

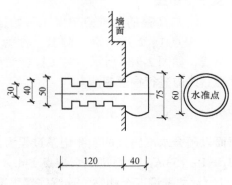

图2-11 墙上水准点

建筑工程中常用的永久性水准点一般用混凝土或钢筋混凝土制成，如图2-12a所示，顶部设置半球形金属标志。临时性水准点可用大木桩打入地下，如图2-12b所示，桩顶面钉一个半圆球状铁钉，也可直接把大铁钉（钢筋头）打入沥清等路面或在桥台、房基石、坚硬岩石上刻上记号（用红油漆示明）。

埋设水准点后，为便于以后寻找，水准点应进行编号，并绘出水准点与附近固定建筑物或其他明显地物关系的点位草图（在图上应写明水准点的编号和高程），称为点之记，作为水准测量的成果一并保存。

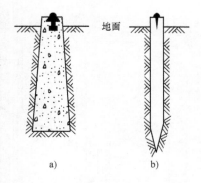

图2-12 建筑工程水准点
a）永久性水准点 b）临时性水准点

2.3.2 水准路线

水准路线就是由已知水准点开始或在两已知水准点之间按一定形式进行水准测量的测量

路线，根据测区已有水准点的实际情况和测量的需要以及测区条件，水准路线一般可布设成如下几种形式。

1. 附合水准路线

从高级水准点 BM.A 开始，沿各待定高程点 1、2、3 进行水准测量，最后附合到另一高级水准点 BM.B 所构成的水准路线，称为附合水准路线，如图 2-13a 所示。从理论上说，附合水准路线上各点间高差的代数和应等于两个高级水准点之间的高差。

2. 闭合水准路线

从一个已知高程的水准点 BM.A 开始，沿各待定高程点 1、2、3 进行水准测量，最后又回到原出发点 BM.A 的环形路线，称为闭合水准路线，如图 2-13b 所示。从理论上讲，路线上各点之间的高差代数和应等于零。

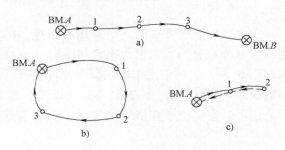

3. 支水准路线

从一个已知高程的水准点 BM.A 开始，

图 2-13　水准测量路线略图

a）附合水准路线　b）闭合水准路线　c）支水准路线

沿待定的高程点 1、2 进行水准测量，称为支水准路线，如图 2-13c 所示。为了检核支水准路线观测成果的正确性和提高观测精度，对于支水准路线应进行往返观测。

2.3.3　水准测量的实测方法

下面以附合水准路线的实测记录过程为例进行说明。如图 2-14 所示，已知水准点 BM.A 高程 $H_A = 19.153m$，欲测定距水准点 BM.A 较远的 B 点高程，按普通水准测量的方法，由 BM.A 点出发共需设五个测站，连续安置水准仪测出各站两点之间的高差。

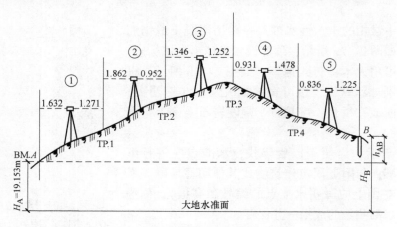

图 2-14　普通水准测量略图

1. 观测步骤

（1）第①测站　后司尺员在 BM.A 点立尺，观测者在测站①处安置水准仪，前司尺员

14

在前进方向视地形情况，在距水准仪距离约等于水准仪距后视点 BM. A 距离处设转点 TP. 1 点安放尺垫并立尺。司尺员应将水准尺保持竖直且分划面（双面尺的黑面）朝向仪器；观测者经过粗平—瞄准—精平—读数的操作程序，后视已知水准点 BM. A 上的水准尺，读数为 1.632m，前视 TP. 1 转点上水准尺，读数为 1.271m；记录者将观测数据记录在表 2-1 相应水准尺读数的后视与前视栏内，并计算该站高差为 +0.361m，记在表 2-1 高差"＋"号栏中。至此，第①测站的工作结束。

（2）第②测站　转点 TP. 1 上的尺垫保持不动，水准尺轻轻地转向下一站的仪器方向，水准仪搬迁至测站②，BM. A 点司尺员持尺前进选择合适的转点 TP. 2 安放尺垫并立尺，观测者先后视转点 TP. 1 上水准尺，读数为 1.862m，再前视转点 TP. 2 上水准尺，读数为 0.952m，计算该站高差为 +0.910m，读数与高差均记录在表 2-1 相应栏内。按上法依次连续进行水准测量，直至测到 B 点为止。

表 2-1　普通水准测量记录手簿

测区＿＿＿＿＿＿＿＿＿＿　　仪器型号＿＿＿＿＿＿＿＿＿＿　　观测者＿＿＿＿＿＿＿＿＿＿

时间＿＿年＿月＿日　　　　天　气＿＿＿＿＿＿＿＿＿＿　　记录者＿＿＿＿＿＿＿＿＿＿

测 站	点 号	水准尺读数/m		高差/m		高程/m	备 注
		后视	前视	+	−		
Ⅰ	BM. A	1.632		0.361		19.153	已知
	TP. 1		1.271			19.514	
Ⅱ	TP. 1	1.862		0.910			
	TP. 2		0.952			20.424	
Ⅲ	TP. 2	1.346		0.094			
	TP. 3		1.252			20.518	
Ⅳ	TP. 3	0.931			0.547		
	TP. 4		1.478			19.971	
Ⅴ	TP. 4	0.836			0.389		
	B		1.225			19.582	
计算检核	Σ	6.607	6.178	1.365	0.936		
	$\sum a - \sum b = +0.429$			$\sum h = +0.429$			

2. 测站校核

表 2-1 记录计算校核中，$\sum a - \sum b = \sum h$ 可作为计算中的校核，可以检查计算是否正确，但这不能检核读数和记录是否有错误。在进行连续水准测量时，若其中任何一个后视或前视读数有错误，都要影响高差的正确性。对于每一测站而言，为了校核每次水准尺读数有无差错，可采用双仪器高的方法或双面尺法进行测站检核。

（1）双仪器高的方法　在每一测站测得高差后，改变仪器高度（即重新安置与整平仪器）在 10cm 以上，再测一次高差，当两次测得高差的差值在 ±5mm 以内时，则取两次测得高差平均值作为该站测得的高差值；否则需要检查原因，重新观测。

（2）双面尺法 双面尺法是在一测站上，仪器高度不变，分别用双面尺的黑面和红面两次测定高差。若当两次测得高差的差值在 ±5mm 以内时，则取两次高差的平均值作为该站测得的高差值；否则需重测。

注意在每站观测时，应尽力保持前后视距相等。视距可由上下丝读数之差乘以 100 求得。每次读数时均应使符合水准气泡严密吻合，每个转点均应安放尺垫，但已知或未知水准点上不能安置尺垫。

2.3.4 水准测量成果整理

测站校核只能检查每一个测站所测高差是否正确，而对于整条水准路线来说，还不能说明它的精度是否符合要求。例如在仪器搬站期间，转点的尺垫被碰动、下沉等引起的误差，在测站校核中无法发现，而在水准路线的闭合差中却能反映出来。因此，普通水准测量外业观测结束后，首先应复查与检核记录手簿，并按水准路线布设形式进行成果整理，其内容：水准路线高差闭合差计算与校核；高差闭合差的分配和计算改正后的高差；计算各点改正后的高程。

1. 高差闭合差的计算与校核

（1）支水准路线 如图 2-17c 所示的支水准路线，沿同一路线进行了往返观测，由于往返观测的方向相反，因此往测和返测的高差绝对值相同而符号相反，即往测高差总和 $\sum h_{往}$ 与返测高差总和 $\sum h_{返}$ 的代数和在理论上应等于零；但由于测量中各种误差的影响，往测高差总和与返测高差总和的代数和不等于零，即为高差闭合差 f_h

$$f_h = \sum h_{往} + \sum h_{返} \qquad (2-8)$$

（2）闭合水准路线 如图 2-17b 所示的闭合水准路线，因起点和终点均为同一点，构成一个闭合环，因此闭合水准路线所测得各测段高差的总和理论上应等于零，即 $\sum h_{理} = 0$。设闭合水准路线实际所测得各测段高差的总和为 $\sum h_{测}$，其高差闭合差为

$$f_h = \sum h_{测} \qquad (2-9)$$

（3）附合水准路线 如图 2-17a 所示的附合水准路线，因起点 BM.A 和终点 BM.B 的高程 H_A、H_B 已知，两点之间的高差是固定值，因此附合水准路线所测得的各测段高差的总和理论上应等于起终点高程之差，即

$$\sum h_{理} = H_B - H_A \qquad (2-10)$$

附合水准路线实测的各测段高差总和 $\sum h_{测}$ 与高差理论值之差即为附合水准路线的高差闭合差，即

$$f_h = \sum h_{测} - (H_B - H_A) \qquad (2-11)$$

由于水准测量中仪器误差、观测误差以及外界的影响，使水准测量中不可避免地存在着误差，高差闭合差就是水准测量误差的综合反映。为了保证观测精度，对高差闭合差应作出一定的限制，即计算得高差闭合差 f_h 应在规定的容许范围内。当计算得高差闭合差 f_h 不超过容许值（即 $f_h \leqslant f_{h容}$ 时），认为外业观测合格，否则应查明原因返工重测，直至符合要求为止。对于普通水准测量，规定容许高差闭合差 $f_{h容}$ 为

$$f_{h容} = \pm 30 \sqrt{L} \text{ mm} \tag{2-12}$$

式中　L——水准路线总长度，以 km 为单位。

在山丘地区，当每公里水准路线的测站数超过 16 站时，容许高差闭合差为

$$f_{h容} = \pm 12 \sqrt{n} \text{ mm} \tag{2-13}$$

式中　n——水准路线的测站总数。

2. 高差闭合差的分配和计算改正后的高差

当计算出的高差闭合差在容许范围内时，可进行高差闭合差的分配，分配原则：对于闭合或附合水准路线，按与路线长度 L 或按路线测站数 n 成正比的原则，将高差闭合差反符号进行分配。其数学表达式为

$$v_{hi} = -\frac{f_h}{\sum L} \times L_i \tag{2-14}$$

或

$$v_{hi} = -\frac{f_h}{\sum n} \times n_i \tag{2-15}$$

式中　$\sum L$——水准路线总长度；

L_i——第 i 测段的路线长；

$\sum n$——水准路线总测站数；

n_i——第 i 测段路线站数；

v_{hi}——分配给第 i 测段观测高差 h_i 上的改正数；

f_h——水准路线高差闭合差。

高差改正数计算校核式为 $\sum v_{hi} = -f_h$，若满足则说明计算无误。

最后计算改正后的高差 $\hat{h}_i$，它等于第 i 测段观测高差 h_i 加上其相应的高差改正数 v_{hi}，即

$$\hat{h}_i = h_i + v_{hi} \tag{2-16}$$

3. 计算各点改正后的高程

根据已知水准点高程和各测段改正后的高差 $\hat{h}_i$，依次逐点推求各点改正后的高程，作为普通水准测量高程的最后成果。推求到最后一点高程值应与闭合或附合水准路线的已知水准点高程值完全一致。

4. 算例

【例 2-1】　如图 2-15 所示的附合水准路线，BM.A 和 BM.B 为已知水准点，按普通水准测量的方法测得各测段观测高差和测段路线长度分别标注在路线的上、下方。现将此算例高差闭合差的分配和改正后高差及高程计算成果列于表 2-2 中。具体计算步骤如下：

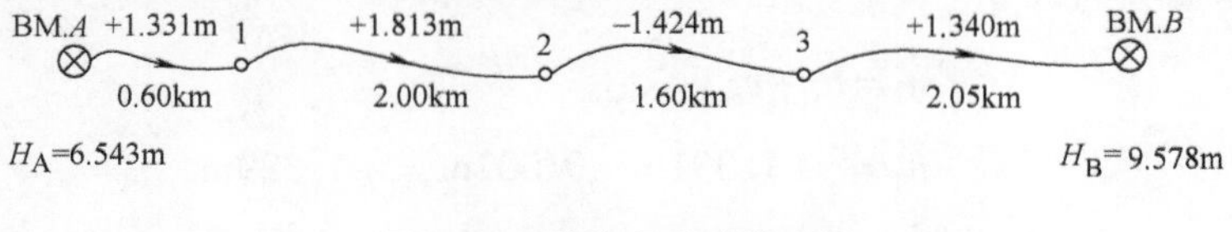

BM.A　+1.331m　1　　+1.813m　2　　−1.424m　3　　+1.340m　BM.B

0.60km　　2.00km　　1.60km　　2.05km

H_A=6.543m　　　　　　　　　　　　　　　　　H_B=9.578m

图 2-15　附合水准路线略图

表2-2　附合水准路线测量成果计算表

点　　号	路线长度 L/km	观测高差 h_i/m	高差改正数 v_{hi}/m	改正后高差 $\hat{h}_i/\text{m}$	高程 H/m	备　　注
BM. A					6.543	已知
	0.60	+1.331	-0.002	+1.329		
1					7.872	
	2.00	+1.813	-0.008	+1.805		
2					9.677	
	1.60	-1.424	-0.007	-1.431		
3					8.246	
	2.05	+1.340	-0.008	+1.332		
BM. B					9.578	已知
Σ	6.25	+3.060	-0.025	+3.035		

$f_h = \Sigma h_{测} - (H_B - H_A) = 25\text{mm}$　　　　　　$f_{h容} = \pm 30\sqrt{L}\text{mm} = \pm 75\text{mm}$

$v_{hi} = -\dfrac{f_h}{\Sigma L} = -\dfrac{+25\text{mm}}{6.25\text{km}} = -4\text{mm/km}$　　　　$\Sigma v_{hi} = -25\text{mm} = f_h$

1. 高差闭合差的计算与校核

$$f_h = \Sigma h_{测} - (H_B - H_A) = [+1.331 + 1.813 - 1.424 + 1.340 -$$
$$(9.578 - 6.543)]\text{m} = [+3.060 - 3.035]\text{m} = +0.025\text{m}$$

$$f_{h容} = \pm 30\sqrt{L}\text{mm} = \pm 75\text{mm}$$

$$f_h \leqslant f_{h容} \qquad 精度合格$$

2. 高差闭合差的分配和计算改正后的高差

（1）高差改正数的计算

$$v_{hi} = -\frac{f_h}{\Sigma L} \times L_i$$

$$v_{hi} = -\frac{f_h}{\Sigma L} = -\frac{+25\text{mm}}{6.25\text{km}} = -4\text{mm/km}$$

$$v_{h1} = -4\text{mm} \times 0.6 = -2\text{mm}$$

$$v_{h2} = -4\text{mm} \times 2.0 = -8\text{mm}$$

$$v_{h3} = -4\text{mm} \times 1.6 = -7\text{mm}$$

$$v_{h4} = -4\text{mm} \times 2.05 = -8\text{mm}$$

$$\Sigma v_{hi} = -25\text{mm} = f_h$$

（2）改正后高差的计算

$$\hat{h}_i = h_i + v_{hi}$$

$$\hat{h}_1 = +1.331\text{m} - 0.002\text{m} = +1.329\text{m}$$

$$\hat{h}_2 = +1.813\text{m} - 0.008\text{m} = +1.805\text{m}$$

$$\hat{h}_3 = -1.424\text{m} - 0.007\text{m} = -1.431\text{m}$$

$$\hat{h}_4 = +1.340\text{m} - 0.008\text{m} = +1.332\text{m}$$

3. 计算各点改正后的高程

$$H_1 = 6.543\text{m} + 1.329\text{m} = 7.872\text{m}$$

$$H_2 = 7.872\text{m} + 1.805\text{m} = 9.677\text{m}$$

$$H_3 = 9.677\text{m} - 1.431\text{m} = 8.246\text{m}$$

$$H_B = 8.246\text{m} + 1.332\text{m} = 9.578\text{m}$$

表2-2中 $f_h \leqslant f_{h\text{容}}$，外业观测成果合格可用。同理，可进行闭合水准路线成果的整理。

课题4 水准仪的检验

水准仪检验就是查明仪器各轴线是否满足应有的几何条件。如果不满足几何条件，且超出规定的范围，则应进行仪器校正。

2.4.1 水准仪的轴线及应满足的条件

如图2-16所示，微倾水准仪有四条轴线，即视准轴 CC、水准管轴 LL、圆水准轴 $L'L'$、仪器竖轴 VV。

水准仪轴线应满足的几何条件：

1）圆水准轴应平行于仪器竖轴（$L'L' /\!/ VV$）。

2）十字丝中丝应垂直于仪器竖轴（即中丝应水平）。

3）水准管轴应平行于视准轴（$LL /\!/ CC$）。

2.4.2 水准仪的检验

1. 圆水准轴平行于仪器竖轴的检验

安置水准仪后，转动脚螺旋使圆水准气泡居中，如图2-17a所示，然后将仪器绕竖轴旋转180°。如果圆气泡仍旧居中，则表示该几何条件满足，不必校正。如果圆气泡偏离中心，如图2-17b所示，则表示该几何条件不满足，需要进行校正。

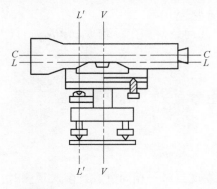

图2-16　水准仪的轴线

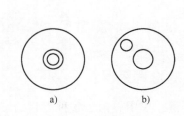

图2-17　圆水准器的检验

2. 十字丝中丝垂直于仪器竖轴的检验

若十字丝中丝已垂直于仪器竖轴，当竖轴铅垂时，中丝应水平，则用中丝的不同部位在水准尺上读数应该是相同的。安置水准仪整平后，用十字丝交点瞄准某一明显的点状目标 A，制紧制动扳手，缓慢地转动微动螺旋，从望远镜中观测 A 点在左右移动时是否始终沿着中丝移动，如果始终沿着中丝移动，则表示中丝是水平的，否则应需要校正。

3. 水准管轴平行于视准轴的检验

设水准管轴不平行于视准轴，它们在竖直面内投影之夹角为 i，如图 2-18 所示。当水准管气泡居中时，视准轴相对于水平线方向向上（有时向下）倾斜了 i 角，则视线（视准轴）在尺上读数偏差 x，随着水准尺离开水准仪愈远，由此引起的读数误差也愈大。当水准仪到水准尺的前后视距相等时，即使存在 i 角误差，因在两根水准尺上

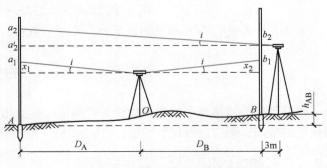

图 2-18 水准管平行于视准轴的检验

读数的偏差 x 相等，则后前视读数相减所求高差不受影响。后前视距的差距增大，则 i 角误差对高差的影响也会随之增大。基于这种分析，提出如下的检验方法：

1）在平坦地区选择相距约 80m 的 A、B 两点（可打下木桩或安放尺垫），并在 A、B 两点中间选择一点 O，且使 $D_A = D_B$。

2）将水准仪安置于 O 点处，分别在 A、B 两点上竖立水准尺，读数为 a_1 和 b_1，则 A、B 两点间高差为

$$h_{AB} = (a_1 - x) - (b_1 - x) = a_1 - b_1 \qquad (2-17)$$

此时得出的高差为正确高差值。为了确保观测的正确性也可用两次仪器高法测定高差 h_{AB}，若两次测得高差之差不超过 3mm，则取平均值作为最后结果。

3）将水准仪搬到靠近 B 点处（约距 B 点 3m），整平仪器后，瞄准 B 点水准尺，读数为 b_2，再瞄准 A 点水准尺，读数为 a_2，则 A、B 间高差 h_{AB}' 为

$$h_{AB}' = a_2 - b_2 \qquad (2-18)$$

若 $h_{AB}' = h_{AB}$ 则表明水准管轴平行于视准轴，几何条件满足；若 $h_{AB}' \neq h_{AB}$，且差值大于 ± 5mm，则需要进行校正。

课题 5 水准测量误差分析及注意事项

2.5.1 水准测量误差

在测量工作中，由于各种因素的影响，我们发现当对一相同量进行多次观测时，观测值之间总存在着差异。这说明了测量结果中不可避免地存在误差，水准测量中也是同样如此。

水准测量误差按其来源可分为仪器误差、观测误差以及外界条件的影响等三个方面。

1. 仪器误差

（1）水准管轴与视准轴不平行　水准仪使用前，应按规定进行水准仪的检验与校正，以保证各轴线满足条件。但由于仪器检验与校正不甚完善以及其他方面的影响，使仪器尚存在一些残余误差，其中最主要的是水准管轴不完全平行于视准轴的误差（又称为 i 角残余误差）。这个 i 角残余误差对高差的影响为 Δh，即

$$\Delta h = x_1 - x_2 = \frac{i}{\rho}D_A - \frac{i}{\rho}D_B = \frac{i}{\rho}(D_A - D_B) \tag{2-19}$$

式中　　$D_A - D_B$——后前视距之差；

ρ——弧度化为秒的乘常数 $206265''$。

若保持一测站上前后视距相等（即 $D_A = D_B$），即可消除 i 角残余误差对高差的影响。对于一条水准路线而言，也应保持前视视距总和与后视视距总和相等，同样可消除 i 角误差对路线高差总和的影响。另规范规定 DS$_3$ 型水准仪 i 角不应超过 $20''$，DS$_1$ 型不超过 $15''$。

（2）水准尺误差　水准尺是水准测量重要工具，它的误差（分划误差及尺长误差等）也影响着水准尺的读数及高差的精度。

2. 观测误差

1）读数误差。

2）水准尺倾斜的误差。

3）水准管气泡居中误差。

3. 外界条件的影响

1）土质松软引起仪器或转点下沉。

2）环境干扰　测量时温度、风力及大气折光等因素对测量结果也有一定影响。

2.5.2　水准测量注意事项

水准测量是一项集观测、记录及扶尺为一体的测量工作，只有全体参加人员认真负责，按规定要求仔细观测与操作，才能取得良好的成果。归纳起来应注意如下几点：

1. 观测

1）观测前应认真按要求检验水准仪，检视水准尺。

2）仪器应安置在土质坚实处，并踩实三脚架。

3）水准仪至前、后视水准尺的视距应尽可能相等。

4）每次读数前，注意消除视差，只有当符合水准气泡居中后才能读数，读数应迅速、果断、准确，特别应认真估读毫米数。

5）晴好天气，仪器应打伞防晒，操作时应细心认真，做到"人不离仪器"，保证安全。

6）只有当一测站记录计算合格后方能搬站，搬站时先检查仪器连接螺旋是否固紧，一手扶托仪器，一手握住脚架稳步前进。

2. 记录

1）认真记录，边记边回报数字，准确无误地记入记录手簿相应栏内，严禁伪造和转抄。

2）字体要端正、清楚，不准连环涂改，不准用橡皮擦改，如按规定可以改正时，应在原数字上划线后再在上方重写。

3）每站应当场计算，检查符合要求后，才能通知观测者搬站。

3. 扶尺

1）扶尺员应认真竖立尺子，注意保持尺上圆气泡居中。

2）转点应选择土质坚实处，并将尺垫踩实。

3）水准仪搬站时，应注意保护好原前视点尺垫位置不受碰动。

课题6　电子数字水准仪简介

电子数字水准仪是集电子光学、图像处理、计算机技术于一体的当代最先进的水准测量仪器。它具有速度快、精度高、使用方便、作业员劳动强度轻、便于用电子手簿记录、实现内外业一体化等优点，代表了当代水准仪的发展方向，具有光学水准仪无可比拟的优越性。

电子数字水准仪使用的条形码标尺采用三种独立互相嵌套在一起的编码尺，如图2-19所示。这三种独立信息为参考码R和信息码A与信息码B。参考码R为三道等宽的黑色码条，以中间码条的中线为准，每隔3cm就有一组R码。信息码A与信息码B位于R码的上、下两边，下边10mm处为B码，上边10mm处为A码。A码与B码宽度按正弦规律改变，其信号波长分别为33cm和30cm，最窄的码条宽度不到1mm。上述三种信号的频率和相位可以通过快速傅里叶变换（FTT）获得。当标尺影像通过望

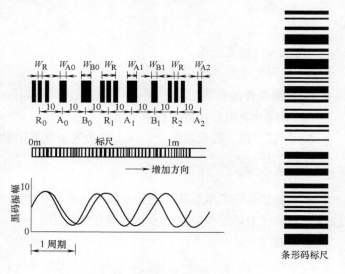

图2-19　条形码标尺及其原理图

远镜成像在十字丝平面上，经过处理器译释、对比、数字化后，在显示屏上即可显示中丝在标尺上的读数和视距。

电子数字水准仪（见图2-20）的操作方法十分简便。只要将望远镜瞄准标尺（见图2-21）并调焦后，按测量键，数秒后即显示中丝读数；再按测距键，即可显示视距；按存储键可把数据存入内存存储器，仪器自动进行检核和高差计算。观测时，不需要将十字丝精确夹准标尺分划，也不用在测微器上读数，可直接由电子手簿记录。

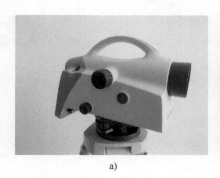 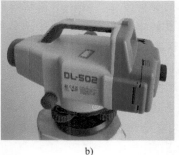

图 2-20 电子数字水准仪

a) 天宝 Dini03 电子水准仪　　b) 拓普康 DL‑502 电子水准仪

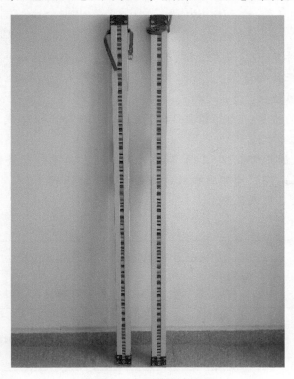

图 2-21 电子数字水准尺

单 元 小 结

1. 水准测量的原理：它是利用水准仪提供的一条水平视线，测出两地面点之间的高差，然后根据已知点的高程和高差，推算出另一个点的高程。

2. 高差法：根据高差推算待定点高程的方法叫作高差法。

3. 视线高法：通过视线高推算待定点高程的方法称为视线高法。

4. 水准仪的构成：由望远镜、水准器、基座和自动补偿装置四部分构成。

5. 水准仪的操作方法，即一个测站的操作程序：安置仪器—整平—对光照准—读数。

6. 水准测量的方法：当高程待定点离已知点较远或高差较大时，需要加设转点，分段连续多次安置仪器来求得两点间的高差。

7. 水准点：测绘部门在全国各地埋设的固定的测量标志，并用水准测量的方法测定了它们的高程，这些标志称为水准点。

8. 水准测量的检核方法有测站检核和路线检核。（1）测站检核常用的检核方法有两次仪器高法和双面尺法两种。（2）路线检核有闭合水准路线、附合水准路线、支水准路线三种。

9. 成果计算。

（1）高差闭合差的计算：

闭合水准路线 $f_h = \sum h_{测}$

附合水准路线 $f_h = \sum h_{测} - (H_{终} - H_{始})$

支水准路线 $f_h = \sum h_{往} + \sum h_{返}$

（2）容许闭合差计算：$f_{h容} = (\pm 30\sqrt{L})$ mm 或 $f_{h容} = (\pm 12\sqrt{n})$ mm。

（3）测段高差改正数的计算：$v_{hi} = - (f_h / \sum n) \times n_i$ 或 $v_{hi} = - (f_h / \sum L) \times Li$

（4）改正数的计算检核：$\sum v = -f_h$

（5）改正后高差的检核：闭合水准路线 $\sum h_{总} = 0$；附合水准路线 $\sum h_{总} = H_B - H_A$；支水准路线 $f_{h政} = (h_{往} + h_{返}) / 2$。

10. 水准仪应满足的几何条件：（1）圆水准器轴 $L'L'$ 应平行于竖轴 VV；（2）水准管轴 LL 应平行于视准轴 CC；（3）十字丝横丝应垂直于仪器竖轴 VV。

11. 水准仪的检验（见表 2-3）。

表 2-3

检验项目	检验方法
$L'L' /\!/ VV$	1. 粗平 2. 转望远镜 180°，如气泡居中表明条件满足，否则应校正
十字丝横丝 $\perp L'L'$	1. 粗平 2. 用十字丝交点瞄准一固定目标，调节微动螺旋，如目标在交点左右始终沿横丝移动，表明条件满足，否则应校正
$LL /\!/ CC$	1. 用两次仪器高法测定正确高差 h_{AB} 2. 将仪器置于 B 点附近，再次测定高差，读取前、后视读数，若 i 小于 20″ 则不需校正，否则需校正

 复习思考题

2-1 用水准仪测定 A、B 两点间高差，已知 A 点高程为 $H_A = 102.658\text{m}$，A 点尺上读数为 1.866mm，B 点尺上读数为 1.265mm，求 A、B 两点间高差 h_{AB} 为多少？B 点高程 H_B 为多少？绘图说明。

2-2 何谓水准管轴及圆水准轴？

2-3 何谓视准轴？视差应如何消除？

2-4 水准测量中为什么要求前后视距相等？

2-5 DSI$_2$型水准仪有哪几条主要轴线？它们之间应满足哪些几何条件？为什么？

2-6 水准测量中，怎样进行记录计算校核和外业成果校核？

2-7 安置水准仪在A、B两固定点之间等距处，A点尺上读数$a_1 = 1.347m$，B点尺上读数$b_1 = 1.143m$，然后搬水准仪至B点附近，又读A点尺上读数$a_2 = 1.721m$，B点尺上读数$b_2 = 1.492m$。问：水准管轴是否平行于视准轴？如果不平行，当水准管气泡居中时，视准轴是向上倾斜还是向下倾斜？i角值是多少？

2-8 将图2-22中，水准测量观测数据填入表2-4中，并计算出各点高差及B点高程，并进行检核。

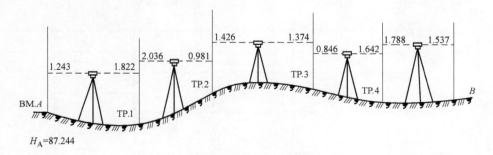

图2-22 普通水准测量

表 2-4

测 站	点 号	水准尺读数/mm		高差 h/m		高程 H/m	备 注
		后视 a	前视 b	+	−		
1	BM. A						
2	TP. 1						
3	TP. 2						
4	TP. 3						
5	TP. 4						
	B						
检核	Σ						
		$\sum a - \sum b =$		$\sum h =$			

2-9 如图2-23所示闭合水准测量路线，图上注明了各测段高差及相应的水准路线测站数，将测量观测的数据填入表2-5中，并计算各点高程。

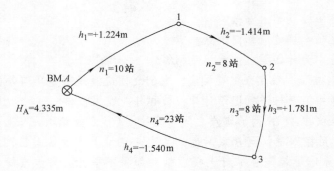

图 2-23　闭合水准测量路线

表　2-5

点　　号	测站数 n	观测高差 h_i/m	高差改正数 v_{hi}/m	改正后高差 $\hat{h}_i$/m	高程 H/m	备　　注
BM.A						
1						
2						
3						
BM.A						
Σ						

$f_h = \sum h_{测} =$　　　　　　　　　　　　　　$f_{h容} = \pm 12\sqrt{n} =$

$v_h = -\dfrac{f_h}{\sum n} =$　　　　　　　　　　　$\sum v_{hi} =$

单元3

角 度 测 量

单元概述

角度测量是测量的三项基本工作之一。常用的角度测量仪器是光学经纬仪，它既能测量水平角，又能测量竖直角。水平角用于求算地面点的平面位置，竖直角用于求算高差或将倾斜距离换算成水平距离，从而间接测定地面点的高程。本单元着重介绍角度测量原理、DJ_6型光学经纬仪的构造和使用、水平角和竖直角观测以及经纬仪的检验。

知识目标

1. 了解各类常见经纬仪的构造。
2. 掌握水平角、竖直角的测量原理。

技能目标

1. 熟练掌握经纬仪的使用。
2. 熟练使用经纬仪进行竖直角测量和测回法测量水平角。
3. 能够对经纬仪进行检验和简易校正。
4. 具备角度测量数据处理和分析角度测量误差的能力。

课题1　角度测量原理

3.1.1　水平角测量原理

地面上某点到两目标的方向线垂直投影在水平面上所夹的角度，称为水平角，用 β 表示。其取值为 $0° \sim 360°$。如图 3-1 所示，A、O、B 是三个位于地面上不同高程的点，沿铅垂线方向投影到水平面 P 上，得到相应 A_1、O_1、B_1 点，则水平投影线 O_1A_1 与 O_1B_1 构成的夹角 β，称为地面方向线 OA 与 OB 两方向线间的水平角。

为了量取水平角的大小，现设想在 O 点铅垂线上任一处 O_1 点水平安置一个带有顺时针均匀刻划的圆形水平度盘，通过右方向 OA 和左方向 OB 各作一铅垂面与水平度盘

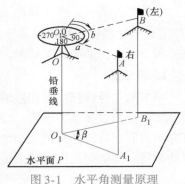

图 3-1　水平角测量原理

平面相交，在度盘上截取相应的读数为 a 和 b （如图3-1所示），则水平角 β 为右方向读数 a 减去左方向读数 b，即

$$\beta = a - b \tag{3-1}$$

3.1.2 竖直角测量原理

在同一竖直面内，地面某点至目标的方向线与水平视线间的夹角，称为竖直角，又称倾角，用 α 表示。如图3-2所示，目标的方向线在水平视线的上方，竖直角为正（$+\alpha$），称为仰角；目标的方向线在水平视线的下方，竖直角为负（$-\alpha$），称为俯角。所以，竖直角的取值是 $-90° \sim +90°$。

同水平角一样，竖直角的角值也是竖直安置并带有均匀刻划的竖直度盘上的两个方向的读数之差，所不同的是其中一个方向是水平视线方向。对某一光学经纬仪而言，水平视线方向的竖直度盘读数应为90°的整倍数，因此测量竖直角时，只要瞄准目标，读取竖直度盘读数，就可以计算出竖直角。

常用的光学经纬仪就是根据上述测角原理及其要求制成的一种测角仪器。

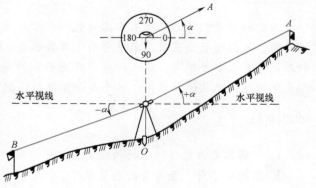

图 3-2 竖直角测量原理

课题 2 光学经纬仪及其操作

我国光学经纬仪按其精度等级划分有 DJ_{07}、DJ_1、DJ_2、DJ_6、DJ_{15}、DJ_{20} 等几种，DJ 分别为"大地测量"和"经纬仪"的汉字拼音第一个字母，其下标数字表示仪器的精度。在建筑工程中，常用的是 DJ_2、DJ_6 型光学经纬仪。本节介绍最常用 DJ_6 型光学经纬仪的基本构造及其操作。

3.2.1 DJ_6 型光学经纬仪的基本构造

各种型号的 DJ_6 型（简称 J_6 型）光学经纬仪的基本构造是大致相同的，图3-3为国产 DJ_6 型光学经纬仪外貌图，其外部结构件名称如图上所注，它主要由照准部、水平度盘和基座三部分组成，如图3-4所示。

1. 照准部

照准部是经纬仪绕仪器竖轴作水平旋转的部分，它主要包括望远镜、竖直度盘、照准部水准管、读数设备及竖轴等。经纬仪的望远镜除能作水平旋转外，还可以绕仪器的横轴作竖直方向的仰俯旋转。用照准部水平制动螺旋和微倾螺旋，控制望远镜水平旋转。用望远镜的制动螺旋和微动螺旋控制望远镜的仰俯旋转。

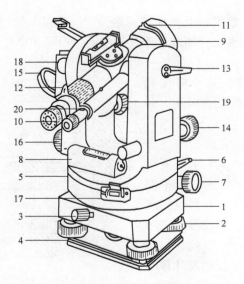

图 3-3　DJ₆型光学经纬仪

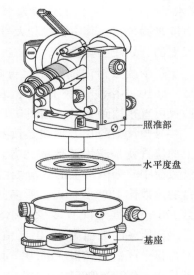

图 3-4　经纬仪构造

1—基座　2—脚螺旋　3—轴套制动螺旋　4—脚螺旋压板　5—水平度盘外罩
6—水平方向制动螺旋　7—水平方向微动螺旋　8—照准部水准管
9—物镜　10—目镜调焦螺旋　11—瞄准用的准星　12—物镜调焦螺旋
13—望远镜制动螺旋　14—望远镜微动螺旋　15—反光照明镜
16—度盘读数测微轮　17—复测机钮　18—竖直度盘水准管
19—竖直度盘水准管微动螺旋　20—度盘读数显微镜

2. 水平度盘

水平度盘是由光学玻璃制成的圆环，圆环上刻有 0°～360° 的等间隔分划线，并按顺时针方向注记，它通过外轴装在基座中心的套轴内，并用中心锁紧螺旋使之固紧。当照准部转动时，水平度盘并不随之转动，水平度盘供水平角度测量之用。另外，照准部上还安装有竖直度盘，供竖直角度测量之用。

3. 基座

基座是支承整个仪器的底座。基座上有三个脚螺旋，用来整平仪器，并借助基座的中心螺母和三脚架上的中心连接螺旋，将仪器与三脚架固连在一起。在连接螺旋下面的正中有一挂钩可悬挂垂球来进行经纬仪的对中（或对点）工作。为了提高对中精度和对中时不受风力影响，光学经纬仪还装有光学对中器，代替垂球进行对中。

3.2.2　读数设备与读数方法

DJ₆型光学经纬仪的读数设备包括度盘、光路系统及测微器。当光线通过一组棱镜和透镜作用后，将光学玻璃度盘上的分划成像放大，反映到望远镜旁的读数显微镜内，利用光学测微器进行读数。下面介绍分微尺测微器的读数方法。

分微尺读数装置是显微镜读数窗与物镜上设置一个带有分微尺的分划板，度盘上的分划线经读数显微镜水平物镜放大后成像于分微尺上。分微尺 1′ 的分划间隔长度正好等于度盘的一格，即 1′ 的宽度。如图 3-5 所示是读数显微镜内看到的度盘和分微尺的影像，上面注有

"水平"（或"H"）的窗口为水平度盘读数窗，下面注有"竖直"（或"V"）的窗口为竖直度盘读数窗，其中长线和大号数字为度盘上分划线影像及其注记，短线和小号数字为分微尺上的分划线及其注记。

每个读数窗内的分微尺分成 60 小格，每小格代表 1′，每 10 小格注有小号数字，表示 10′ 的倍数。因此，分微尺可直接读到 1′，估读到 0.1′。

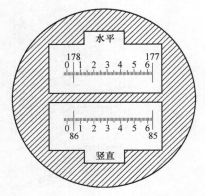

图 3-5　DJ_6 型经纬仪读数窗

分微尺上的 0 分划线是读数指标线，它所指的度盘上的位置就是应该读数的地方。例如，图 3-5 水平度盘读数窗中，分微尺上的 0 分划线已过 178°，此时水平度盘的读数比 178° 多一点，所多的数值要看 0 分划线到度盘 178° 分划线之间有多少个小格来确定，显然由图 3-5 看出，所多的数值为 05.0′（估读至 0.1′）。因此，水平度盘整个读数为 178° + 05.0′ = 178°05.0′（记录及计算时可写作：178°05′00″）。

同理，图 3-5 中竖直度盘整个读数为 86° + 06.3′ = 86°06.3′（记录及计算时可写作 86°06′18″）。

实际在读数时，只要看哪根度盘分划线位于分微尺刻划线内，则读数中的度数就是此度盘分划线的注记数，读数中的分数就是这根分划线所指的分微尺上的数值，读数中的秒数应是 6 的整倍数。

3.2.3　DJ_6 型光学经纬仪的使用

1. 经纬仪安置

经纬仪安置包括对中和整平。对中的目的是使仪器的中心与测站点（标志中心）处于同一铅垂线上；整平的目的是使仪器的竖轴竖直，使水平度盘处于水平位置。具体操作方法如下：

（1）对中　先打开三脚架，安在测站点上，使架头大致水平，架头的中心大致对准测站标志，并注意脚架高度适中。然后踩紧三脚架，装上仪器，旋紧中心连接螺旋，挂上垂球。若垂球尖偏离测站标志，就稍松动中心螺旋，在架头上移动仪器，使垂球尖精确对中标志，再旋紧中心螺旋。若在架头上移动仪器无法精确对中，则要调整三脚架的脚位。此时应注意先旋紧中心螺旋，再调整三脚架，以防仪器摔下。用垂球进行对中的误差一般可控制在 3mm 以内。

对中也可利用光学对中器进行。首先使架头大致水平和用垂球（或目估）初步对中；然后转动（拉出）对中器目镜，使测站标志的影像清晰；转动脚螺旋，使标志影像位于对中器小圆圈（或十字分划线）中心，此时仪器圆水准气泡偏离，伸缩脚架使圆气泡居中，但必须注意此时脚架尖位置不得移动，再转动脚螺旋使水准管气泡精确居中。最后还要检查一下标志是否仍位于小圆圈中心，若有很小偏差可稍松中心连接螺旋，在架头上平行移动仪器，使其精确对中。用光学对中器对中的误差可控制在 1mm 以内。由于此法对中的误差小且不受风力等影响，常用于建筑施工测量中。

（2）整平　先松开照准部水平制动螺旋，使照准部水准管大致平行于基座上任意一对脚螺旋的连线方向，如图3-6a所示，两手同时相反方向转动这两个脚螺旋，使水准管气泡居中，注意水准管气泡移动方向与左手大拇指移动方向一致；再将照准部转动90°，如图3-6b所示，使水准管垂直于原两脚螺旋的连线，只转动第三个脚螺旋，使水准管气泡居中。按上述方法重复操作，直到在这两个方向气泡都居中为止。居中误差一般不得大于一格。

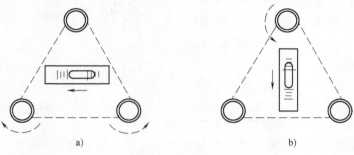

图3-6 仪器整平

2. 调焦和照准

角度测量时照准的目标一般是竖立在地面点上的测钎、花杆、觇牌等，测水平角时，要用望远镜十字丝分划板的竖丝对准它，操作程序如下：

1）松开望远镜和照准部的制动螺旋，将望远镜对向明亮背景，进行目镜调焦，使十字丝清晰。

2）通过望远镜镜筒上方的缺口和准星粗略对准目标，拧紧制动螺旋。

3）进行物镜调焦，在望远镜内能最清晰地看清目标，注意消除视差，如图3-7a所示。

4）转动望远镜和照准部的微动螺旋，使十字丝分划板的竖丝精确地瞄准（夹准）目标，如图3-7b所示。注意尽可能瞄准目标的下部。

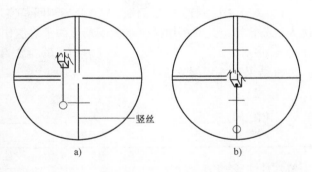

图3-7 瞄准目标

3. 读数

读数前，先调节反光镜，使读数窗亮度均匀，调节读数显微镜及目镜对光螺旋，使读数窗内分划线清晰，然后按前述的DJ$_6$型光学经纬仪读数方法进行读数。

课题3 水平角观测

水平角观测的基本方法是测回法，但它只适用于两个目标方向之间的单个角度观测。

（1）观测步骤 如图3-8所示，设O为测站点，A、B为观测目标，用测回法观测OA与OB两个方向之间的水平角β，具体步骤如下：

1）安置仪器于测站O点，对中、整平，在A、B两点设置目标标志（如竖立测钎或花杆）。

2）盘左位置（竖直度盘位于望远镜左侧，又称正镜），先瞄准左目标 A，水平度盘读数为 L_A（$L_A = 0°02'30''$），记入表 3-1 记录表相应栏内；接着松开照准部水平制动螺旋，顺时针旋转照准部瞄准右目标 B，水平度盘读数为 L_B（$L_B = 95°20'48''$），记入记录表相应栏内。

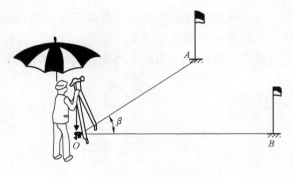

以上操作完成了上半测回，其盘左位置角值 $\beta_左$ 为

图 3-8　水平角观测（测回法）

$$\beta_左 = L_B - L_A \quad (\beta_左 = 95°18'18'') \quad (3-2)$$

3）纵转望远镜，盘右位置（竖直度盘位于望远镜右侧，又称倒镜），先瞄准右目标 B，水平度盘读数为 R_B（$R_B = 275°21'12''$），记入表 3-1 记录表相应栏内；接着松开照准部水平制动螺旋，逆时针转动照准部，同法瞄准左目标 A，水平度盘读数为 R_A（$R_A = 180°02'42''$），记入记录表相应栏内。以上操作完成了下半测回，其盘右位置角值 $\beta_右$ 为

$$\beta_右 = R_B - R_A \quad (\beta_右 = 95°18'30'') \tag{3-3}$$

上半测回和下半测回构成一测回。

（2）注意事项

1）对于 DJ_6 型光学经纬仪，若两个半测回角值之差不大于 $\pm 40''$（即 $|\beta_左 - \beta_右| \leqslant 40''$），认为观测合格。此时可取两个半测回角值的平均值作为一测回的角值 β，即

$$\beta = (\beta_左 + \beta_右) / 2 \tag{3-4}$$

将结果记入手簿表 3-1 中。

表 3-1　测回法观测水平角记录手簿

时　　间＿＿＿＿＿＿＿　　　　天　　气＿＿＿＿＿＿＿　　　仪器型号＿＿＿＿＿＿＿
观测者＿＿＿＿＿＿＿　　　　　记录者＿＿＿＿＿＿＿　　　　测　　站＿＿＿＿＿＿＿

测站	目标	竖盘位置	水平度盘读数			半测回角值			一测回平均角值			各测回平均值			备　注
			°	′	″	°	′	″	°	′	″	°	′	″	
第一测测回 O	A	左	0	02	30	95	18	18							
	B		95	20	48				95	18	24				
	A	右	180	02	42	95	18	30				95	18	20	
	B		275	21	12										
第二测测回 O	A	左	90	03	06	95	18	30							
	B		185	21	36				95	18	15				
	A	右	270	02	54	95	18	00							
	B		5	20	54										

2）在记录计算中应注意由于水平度盘是顺时针刻划和注记，故计算水平角总是以右目标的读数减去左目标的读数，如遇到不够减，则应在右目标的读数上加上360°，再减去左目标的读数。

3）有时为了提高测角精度，对一个角度需要观测几个测回，为了减弱度盘分划不均匀误差的影响，在各测回之间，应使用度盘变换手轮或复测机钮，按测回数 n，将水平度盘位置依次变换$180°/n$。例如某角要求观测两个测回，第一测回起始方向（左目标）的水平度盘位置应配置在0°00′或稍大于0°处；第二测回起始方向水平度盘位置应配置在$180°/2 = 90°00′$或稍大于90°处，详见表3-1的观测记录。

课题4　竖直角观测

3.4.1　竖直度盘的构造

图3-9为DJ_6型光学经纬仪竖直度盘的构造示意图，各个部件如图上所注，它固定在望

远镜横轴的一端，望远镜在铅直面内转动而带动竖盘一起转动。竖盘指标是同竖盘水准管连接在一起，不随望远镜转动而转动，只有通过调节竖盘水准管微动螺旋，才能使竖盘指标与竖盘水准管（气泡）一起作微小移动。在正常情况下，当竖盘水准管气泡居中时，竖盘指标处于正确的位置。所以每次竖盘读数前，均应先调节竖盘水准管使其气泡居中。

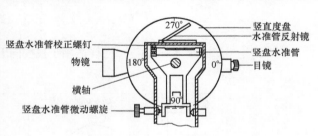

图3-9　竖直度盘的构造

竖直度盘也是由玻璃制成，分划与水平度盘相似。对于DJ_6型光学经纬仪，竖盘刻度通常有0°～360°顺时针和逆时针注记两种形式，如图3-10a、b所示。当视线水平（视准轴水平），竖盘水准管气泡居中时，竖盘盘左位置竖盘指标正确读数为90°；同理，当视线水平且竖盘水准管气泡居中时，竖盘盘右位置竖盘指标正确读数为270°。

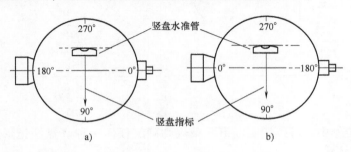

a)　　　　　　　　　　b)

图3-10　竖盘刻度注记（盘左位置）
a）顺时针注记　b）逆时针注记

目前新型的光学经纬仪多采用自动归零装置取代竖盘水准管结构与功能，它能自动调整光路，使竖盘及其指标满足正确关系，仪器整平后照准目标可立即读取竖盘读数。

3.4.2 竖直角的计算公式

竖盘注记形式不同，则根据竖盘读数计算竖直角的公式也不同。本节仅以图3-10a所示的顺时针注记的竖盘形式为例，加以说明。

由图3-11看出：盘左位置时，望远镜视线向上（仰角）瞄准目标，竖盘水准管气泡居中，其竖盘正确读数为L，根据竖直角测量原理，则盘左位置时竖直角为

$$\alpha_左 = 90° - L \tag{3-5}$$

同理，盘右位置时，竖盘水准管气泡居中，竖盘正确读数为R，则盘右位置时竖直角为

$$\alpha_右 = R - 270° \tag{3-6}$$

将盘左、盘右位置的两个竖直角取平均，即得竖直角α计算公式为

$$\alpha = \frac{1}{2}(\alpha_左 + \alpha_右) = \frac{1}{2}\left[(R - L) - 180°\right] \tag{3-7}$$

式(3-5)、式(3-6)和式(3-7)同样适用于视线向下（俯角）时的情况，此时α为负。

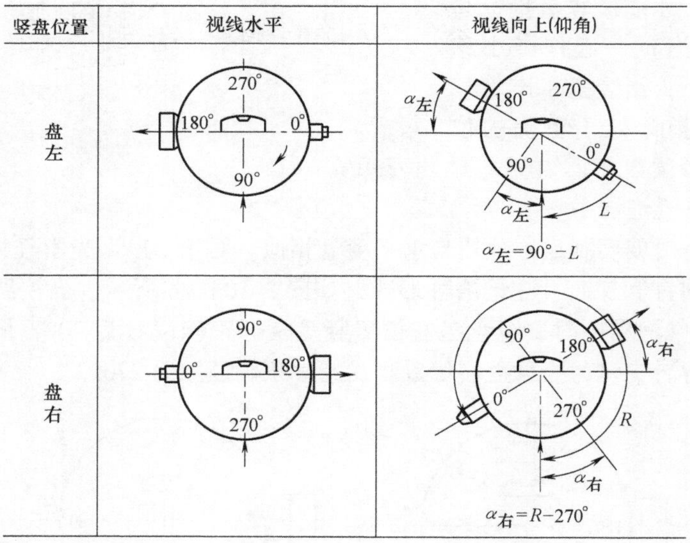

图3-11 竖盘读数与竖直角计算

在实际测量工作中，可以按照以下两条规则确定任何一种竖盘注记形式（盘左或盘右）竖直角计算公式：

1）若抬高望远镜时，竖盘读数增加，则竖直角为

$$\alpha = 瞄准目标竖盘读数 - 视线水平时竖盘读数$$

2）若抬高望远镜时，竖盘读数减少，则竖直角为

$$\alpha = 视线水平时竖盘读数 - 瞄准目标竖盘读数$$

3.4.3　竖盘指标差

由上述讨论可知，望远镜视线水平且竖盘水准管气泡居中时，竖盘指标的正确读数应是90°的整倍数。但是由于竖盘水准管与竖盘读数指标的关系难以完全正确，当视线水平且竖盘水准管气泡居中时的竖盘读数与应有的竖盘指标正确读数（即90°的整倍数）有一个小的角度差 x，称为竖盘指标差，即竖盘指标偏离正确位置引起的差值。竖盘指标差 x 本身有正负号，一般规定当竖盘读数指标偏移方向与竖盘注记方向一致时，x 取正号，反之 x 取负号。如图 3-12 所示的竖盘注记与指标偏移方向一致，竖盘指标差 x 取正号。由于图 3-12 竖盘是顺时针方向注记，按照上述规则并顾及竖盘指标差 x，得到

$$\alpha_{左} = 90° - L + x \tag{3-8}$$
$$\alpha_{右} = R - 270° - x \tag{3-9}$$

两者取平均得竖直角 α 为

$$\alpha = \frac{1}{2}(\alpha_{左} + \alpha_{右}) = \frac{1}{2}[(R - L) - 180°] \tag{3-10}$$

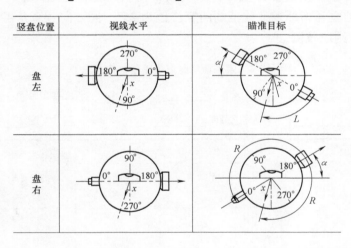

竖盘位置	视线水平	瞄准目标
盘左		
盘右		

图　3-12

可见，式(3-10) 与式(3-7) 计算竖直角 α 的公式相同。说明采用盘左、盘右位置观测取平均计算得竖直角，其角值不受竖盘指标差的影响。

若将式(3-8) 减去式(3-9)，则得

$$x = \frac{1}{2}[(L + R) - 360°] \tag{3-11}$$

或

$$x = \frac{1}{2}(\alpha_{右} - \alpha_{左}) \tag{3-12}$$

式(3-11) 或式(3-12) 为图 3-10a 竖盘注记形式的竖盘指标差计算公式。

3.4.4 竖直角的观测

竖直角观测是用十字丝横丝切于目标顶端，调节竖盘水准管气泡居中后，读取竖盘读数，按计算公式算出竖直角。其观测步骤举例说明如下：

1）在测站点 P 安置仪器，对中、整平。

2）盘左位置：用望远镜十字丝的中丝切于目标 A 某一位置（如测钎或花杆顶部，或水准尺某一分划），转动竖盘水准管微动螺旋使竖盘水准管气泡居中，读取竖盘读数 L（L = 85°43′42″），记入表3-2竖直角观测记录表第4栏。

3）盘右位置：方法同第2）步，读取竖盘读数 R（R = 274°15′48″），记入表3-2第4栏。

4）根据竖盘注记形式，确定垂直角和指标差的计算公式。本例竖盘注记形式见图3-10a，应按上述式（3-5）~式（3-7）计算竖盘角 α，按式（3-11）或式（3-12）计算竖盘指标差 x。将结果填入表3-2第5~7栏。

竖盘指标 x 值对同一台仪器在某一段时间内连续观测的变化应该很小，可以视为定值。但由于仪器误差、观测误差及外界条件的影响，使计算出竖盘指标差发生变化。通常规范规定了指标差变化的容许范围，如《城市测量规范》（CJJ/T 8—2011）规定 DJ_6 型仪器观测竖直角垂盘指标差变化范围的容许值为25″，同方向竖直角各测回互差的限差为25″；若超限，则应重测。

表3-2 竖直角观测记录手簿（中丝法）

时　间＿＿＿＿＿＿＿＿＿　　天　气＿＿＿＿＿＿＿＿＿　　仪器型号＿＿＿＿＿＿＿

观测者＿＿＿＿＿＿＿＿＿　　记录者＿＿＿＿＿＿＿＿＿　　测　站＿＿＿＿＿＿＿

测站	目标	竖盘位置	竖盘读数 ° ′ ″	竖直角 半测回 ° ′ ″	竖直角 半测回 ° ′ ″	竖盘指标差 ″	备　注
1	2	3	4	5	6	7	8
P	A	左	85 43 42	4 16 18	4 16 03	−15	
		右	274 15 48	4 15 48			
	B	左	96 23 36	−6 23 36	−6 23 54	−18	
		右	263 35 48	−6 24 12			

（盘左注记）

读数估数至0.1′，
记录时写作秒数

课题5 DJ$_6$型光学经纬仪的检验

3.5.1 光学经纬仪的主要轴线

如图 3-13 所示,经纬仪各部件主要轴线有竖轴 VV、横轴 HH、望远镜视准轴 CC 和照准部水准管轴 LL。

根据角度测量原理和保证角度观测的精度,经纬仪的主要轴线之间满足以下条件:

1)照准部水准管轴 LL 应垂直于竖轴 VV。

2)视准轴 CC 应垂直于横轴 HH。

3)横轴 HH 应垂直于竖轴 VV。

在使用光学经纬仪测量角度前需查明仪器各部件主要轴线之间是否满足上述条件,此项工作称为检验。如果检验不满足这些条件,则需要进行校正。本节仅就 DJ$_6$ 光学经纬仪的检验介绍如下。

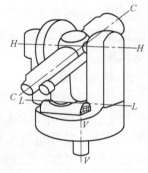

图 3-13 经纬仪的轴线

3.5.2 经纬仪的检验

1. 照准部水准管的检验

(1)检验目的 使水准管轴垂直于竖轴,即 $LL \perp VV$。

(2)检验方法 先整平仪器,再转动照准部使水准管大致平行于任意两个脚螺旋,相对地旋转这两个脚螺旋,使水准管气泡居中。然后将照准部旋转 180°,如气泡仍居中,说明水准管轴垂直于竖轴;如气泡偏离中心(可允许在一格以内),则说明水准管轴不垂直于竖轴,需要校正。

2. 视准轴的检验

(1)检验目的 使视准轴垂直于横轴,即 $CC \perp HH$,从而使视准面成为平面,而不是圆锥面。

(2)检验方法 望远镜视准轴是等效物镜光心与十字丝交点的连线。望远镜物镜光心是固定的,而十字丝交点的位置是可以变动的。所以,视准轴是否垂直于横轴,取决于十字丝交点是否处于正确位置。当十字丝交点不在正确位置时,导致视准轴不与横轴垂直,偏离一个小角度 c,称为视准轴误差。这个视准轴误差将使视准面不是一个平面,而为一个锥面,这样对于同一视准面内的不同倾角的视线,其水平度盘的读数将不同,带来了测角误差,所以这项检验工作十分重要。下面介绍盘左盘右读数的检验方法。

实地安置仪器并认真整平,选择一水平方向的目标 A,用盘左、盘右位置观测。盘左位置时水平度盘读数为 L',盘右位置时水平度盘读数为 R',如图 3-14 所示。

设视准轴误差为 c(若 c 为正号),则盘左、盘右的正确读数 L、R 分别为

$$\begin{cases} L = L' - \Delta c \\ R = R' + \Delta c \end{cases} \tag{3-13}$$

式中，$\Delta c = c/\cos\alpha$ 为视准轴误差 c 对目标 A 水平方向值的影响。由于目标 A 为水平目标，故 $\Delta c = c$，考虑到 $R = L \pm 180°$，故

$$c = \frac{1}{2}(L' - R' \pm 180°) \quad (3-14)$$

对于 DJ$_6$ 型光学经纬仪，若 c 值不超过 $\pm 60''$，认为满足要求，否则需要校正。

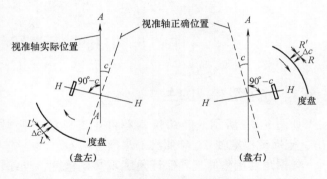

图 3-14　视准轴误差的检验（盘左盘右读数法）

3. 横轴的检验

（1）检验目的　使横轴垂直于竖轴，即 $HH \perp VV$。

（2）检验方法　在离墙面约 20m 处安置经纬仪，整平仪器后，用盘左位置瞄准墙面高处的一点 P（其仰角宜在 30° 左右），固定照准部，然后大致放平望远镜，在墙面上标出一点 A，同样再用盘右位置瞄准 P 点，放平望远镜，在墙面上又标出一点 B，如果 A 点与 B 点重合，则表示横轴垂直于竖轴，否则应进行校正。

课题 6　水平角度测量的误差及注意事项

水平角度测量和水准测量一样，在观测成果中也存在着误差。水平角度测量误差的来源主要有仪器误差、观测误差及外界条件的影响等，为了得到符合规定的角度测量成果，必须了解产生这些误差的原因和规律，采取相应的措施，将其消除或控制在容许的范围以内。

3.6.1　水平角度测量误差产生的原因

1）仪器误差的影响。
2）仪器对中误差的影响。
3）目标偏心误差的影响。
4）观测本身误差的影响。
5）外界条件的影响。

3.6.2　水平角度测量的注意事项

1）观测前应先检验仪器，如不符合要求应进行校正。
2）安置仪器要稳定，脚架应踩实，应仔细对中和整平。
3）目标应竖直，仔细对准地上标志中心。
4）严格遵守各项操作规定和限差要求。
5）当对一水平角进行 n 个测回（次）观测时，各测回间应变换度盘起始位置。
6）读数应果断、准确，特别注意估读数。
7）选择有利的观测时间，注意打伞。

课题 7 电子经纬仪简介

电子经纬仪是近代电子科技与光学经纬仪结合的新一代测角仪器，它为测量工作的自动化创造了有利条件。电子经纬仪具有测角精度高、速度快、操作方便等优点。电子经纬仪已广泛应用于测量工作中。

电子经纬仪的类型多，常见的国外电子经纬仪有瑞士威特（Wild）厂生产的 T2000 系列型电子经纬仪和瑞士克恩（Kern）厂生产的 E1 型和 E2 型电子经纬仪；我国生产的电子经纬仪，如南方测绘仪器公司生产的 ET—02/05 型电子经纬仪和北京博飞仪器公司生产的 DJD1 - CL 等。图 3-15 为 ET—02/05 型电子经纬仪外貌及各部件名称。电子经纬仪在结构和外观上与光学经纬仪相似。

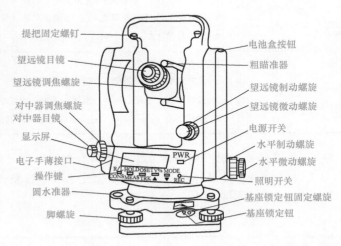

图 3-15 电子经纬仪

电子经纬仪的主要特点如下：

1）采用微机控制的电子测角系统，实现了测角自动化、数字化，并将测量结果自动显示出来。

2）可与光电测距仪联合组成组合式的全站型电子速测仪，配合适当的接口，可将电子手簿记录的数据直接输入计算机，实现数据处理和绘图自动化。

3）有三轴自动补偿功能，能自动测定仪器横轴误差、竖轴误差及视准轴误差，并能对观测角度进行自动改正。

电子测角原理是经纬仪测角系统从度盘上取得电信号，根据电信号再转换成角度，并自动以数字方式输出并显示在显示器上。根据取得电信号的方式不同，电子测角可分为编码度盘测角、光栅度盘测角、区格式动态测角等。

电子经纬仪的使用：电子经纬仪测角的方法步骤与光学经纬仪基本相同。学习使用各种型号的电子经纬仪并不难，但需要认真阅读仪器使用说明书，熟悉键盘以及操作指令，才能正确用好仪器。

单 元 小 结

1. 水平角：一点至两目标方向线在水平面上投影的夹角，$\beta = $ 右目标读数 – 左目标读数。

2. 竖直角：在同一竖直面内，一点至目标倾斜线与水平线所夹的锐角，$\alpha = $ 目标读数 – 视线水平时读数。

3. DJ_6 光学经纬仪的构成：基座、水平度盘和望远镜三部分。

4. 经纬仪的使用方法：对中、整平、照准、读数。

5. 角度观测方法（见表3-3）。

表 3-3

项 目	程 序
水平角	1. 安置仪器：对中、整平 2. 盘左照准左目标 A 读数 $a_左$，照准右目标 B 读数 $b_左$，$\beta_左 = b_左 - a_左$ 3. 盘右照准右目标 B 读数 $b_右$，照准左目标 A 读数 $a_右$，$\beta_右 = b_右 - a_右$ 4. 取平均值 $\beta = (\beta_左 + \beta_右)/2$，$(\Delta\beta = \beta_左 - \beta_右$ 不超过 $\pm 40'')$
竖直角	1. 安置仪器：对中、整平 2. 盘左观测：照准目标 A，指标水准管气泡居中，读数 L，$\alpha_左 = 90° - L$ 3. 盘右观测：照准目标 A，指标水准管气泡居中，读数 R，$\alpha_右 = R - 270°$ 4. 取平均值 $\alpha = (\alpha_左 + \alpha_右)/2$，（测回间的角值互差不大于 $\pm 15''$）

6. 视准误差：视准轴不垂直于水平轴而相差一个 c 角，称为视准误差。

7. 指标差 x：是经纬仪在指标水准管气泡居中后竖盘指标与正确位置偏差的一个值。

8. 经纬仪的检验与校正（见表3-4）。

表 3-4

项 目	检 验
$LL \perp VV$	1. 置水准管平行于一对脚螺旋连线，以相对方向转动这对脚螺旋使气泡居中 2. 将照准部旋转180°，若气泡仍居中表示条件满足否则应进行校正
$CC \perp HH$	1. 选择一水平方向的目标 A，用盘左、盘右位置观测 2. 盘左位置时水平度盘读数为 L'，盘右位置时水平度盘读数为 R'，若 $c = \dfrac{1}{2}\left[L' - R' \pm 180°\right]$ 值不超过 $\pm 60''$，认为满足要求，否则需要校正
$HH \perp VV$	1. 于墙上盘左望远镜高瞄（$\alpha > 30°$）一点 P，大致放平望远镜在墙上定出 A 2. 盘右照准 P，放平望远镜定出 B；若 A 与 B 重合表示条件满足，否则应进行校正

 复习思考题

3-1 何谓水平角？何谓竖直角？它们取值范围为多少？

3-2 DJ$_6$ 型光学经纬仪由哪几个部分组成？

3-3 经纬仪安置包括哪两个内容？怎样进行？目的是什么？

3-4 简述测回法操作步骤、记录计算及限差规定。

3-5 测量竖直角时，每次竖直度盘读数前为什么应先使竖盘水准管气泡居中，然后再读数？

3-6 测量水平角时，为什么要用盘左、盘右两个位置观测？

3-7 什么是竖盘指标差？如何消除竖盘指标差？

3-8　经纬仪有哪几条主要轴线？它们应满足什么条件？

3-9　角度观测有哪些误差影响？

3-10　用 DJ_6 型光学经纬仪按测回法观测水平角，水平度盘读数填于表 3-5 中，请整理表中水平角观测的各项计算。

表 3-5　水平角观测记录表

测站	竖盘位置	目标	水平度盘读数 ° ′ ″	半测回角值 ° ′ ″	一测回角值 ° ′ ″	测回间平均角值 ° ′ ″	备　注
O	左	A	0　00　24				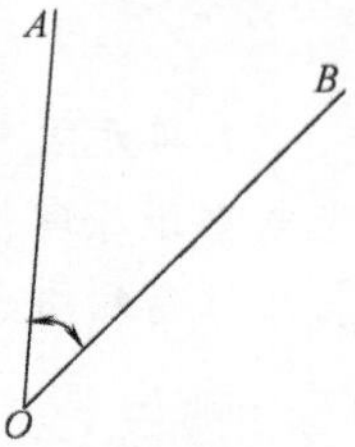
		B	68　42　36				
	右	A	180　00　48				
		B	248　42　54				
	左	A	90　01　30				
		B	158　43　54				
	右	A	270　01　36				
		B	338　44　12				

3-11　用 DJ_6 型光学经纬仪按中丝法观测竖直角，竖盘读数填于表 3-6 中，请整理表中竖直角观测的各项计算。

表 3-6　竖直角观测记录

测站	目标	竖盘位置	竖盘读数 ° ′ ″	半测回竖直角 ° ′ ″	指标差	一测回竖直角 ° ′ ″	备　注
O	A	左	69　30　24				
		右	290　30　00				
	B	左	96　32　18				
		右	263　27　54				

单元4
距离测量与直线定向

单元概述

本单元主要讲述钢尺量距方法和成果处理；视距测量原理、测量方法和成果计算；介绍光电测距原理，光电测距仪的使用、成果计算及注意事项，详细讲述了测量学上的标准方向与方位角的概念及坐标方位角的推算。

知识目标

1. 了解距离丈量使用工具、直线定向、标准方向和象限角的概念。
2. 掌握钢尺量距的一般方法，视距测量方法与计算公式。
3. 熟练掌握坐标方位角的概念、与象限角的关系、方位角推算、坐标正算和坐标反算。

技能目标

1. 熟练掌握经纬仪直线定线。
2. 熟练掌握使用钢尺进行距离测量。

课题1　距离丈量的工具和一般方法

距离测量包括水平距离测量和倾斜距离测量。水平距离是指地面上两点垂直投影到水平面上的直线距离。根据所用仪器和方法的不同，距离测量的方法有距离丈量、视距测量和光电测距仪测距。

4.1.1　距离丈量的工具

距离丈量常用工具有钢尺、皮尺、标杆、测钎及垂球等。

1. 钢尺

钢尺又称钢卷尺，如图 4-1 所示，是由薄钢片制成的带状尺，其宽为 10 ~ 15mm，厚为 0.4mm，长度通常为 20m、30m、50m 三种。钢尺的基本分划为厘米，在每分米和米处注有数字。有的钢尺仅在起点 10cm 内刻有 mm 分划，有的钢尺全长都刻有 mm 分划。

按钢尺的零点位置，钢尺分为端点尺和刻线尺两种。图 4-1a 所示的端点尺是以钢尺的最外端作为尺子零点的尺子；而刻线尺是在尺子的前端刻有零分划线的尺子，如图 4-1b 所示。由于钢尺抗拉强度高，不易拉伸，钢尺常用在精度较高的距离丈量中。

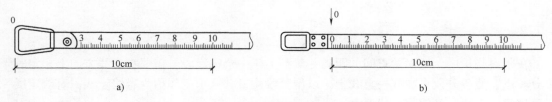

图 4-1　钢尺的零点位置

a) 端点尺　b) 刻线尺

2. 皮尺

皮尺是由麻线和金属丝织成的带状尺，如图 4-2 所示，尺子长度一般为 15m、20m、30m、50m 等几种。皮尺的基本分划为厘米，在每分米和米处注有数字。由于皮尺受潮易收缩、受拉易伸长，因此只用在精度较低的距离丈量中。

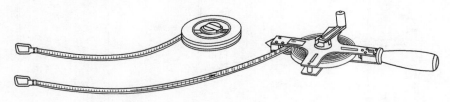

图 4-2　钢卷尺

3. 标杆

标杆，又称花杆，如图 4-3 所示，它是杆上涂有红白相间的 20cm 油漆色段、杆的下端装有锥形铁脚的木质圆杆，杆长有 2m、2.5m、3m 等几种，直径约为 3cm。它主要用来标点和定线。

4. 测钎

测钎如图 4-4 所示，用粗铁丝制成，长度为 30～40cm，一般 6 根或 11 根为一组。它是用来标定尺段端点位置和计算丈量的尺段数。

5. 锤球

锤球如图 4-5 所示，它主要用来对点、标点和投点。

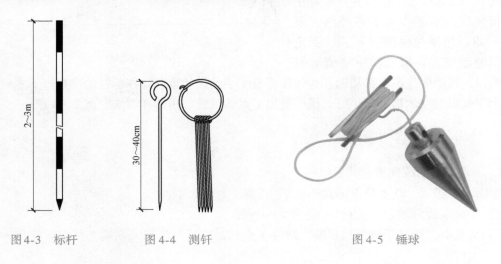

图 4-3　标杆　　　　图 4-4　测钎　　　　图 4-5　锤球

4.1.2 直线定线

在距离测量中，地面两点间的距离一般都大于一个整尺段，需要在直线方向上标定若干个分段点，使各分段点在同一直线上，以便分段丈量，这项工作称为直线定线。直线定线一般采用目估定线和经纬仪定线两种。

1. 目估定线

如图 4-6 所示，欲在 AB 直线上定出 C、D 分段点，可采用目估定线，即用目测的方法，用标杆将直线上分段点标定出来。

图 4-6　目估定线

定线时，第一步，在 A、B 点上竖立标杆，测量员甲立于 A 点后 1~2m 处，目测标杆的同侧，由 A 瞄向 B，构成一视线；第二步，甲指挥乙持标杆于 C 点附近左右移动，直到三支标杆的同侧重合到一起；第三步，指挥乙将标杆或测钎竖直插在地上，得出 C 点。用同样方法得出 D 点。

2. 经纬仪定线

如图 4-7 所示，欲在 AB 直线内精确定出 1、2、3 分段点的位置，可采用经纬仪定线。第一步由甲将经纬仪安置于 A 点，用望远镜照准 B 点，固定照准部制动螺旋；第二步甲将望远镜

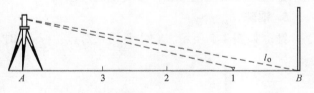

图 4-7　经纬仪定线

向下俯视，用手势指挥乙移动标杆，使标杆与十字丝纵丝重合，在标杆的位置打下木桩，再根据十字丝纵丝在木桩上钉小钉，准确定出 1 点的位置。用同样方法定出 2、3 点。

4.1.3 钢尺量距的一般方法

1. 平坦地面的距离丈量

如图 4-8 所示，欲丈量出 AB 两点水平距离，方法如下：

1）先在直线两端点 A、B 外侧各竖立一标杆。

2）丈量时，后尺手持钢尺零端，站在 A 点处，前尺手持钢尺末端，并拿标杆和一组测

图4-8　平坦地面的距离丈量

钎，沿丈量方向前进，到一整尺长度处停下，进行直线定线，使标杆与A、B两点标杆在同一直线上。

前尺手将钢尺紧贴在标杆一侧，后尺手以尺子的零点对准A点，两人将钢尺拉紧、拉平、拉稳时，后尺手发出"预备"口令，此时前尺手在尺的末端刻线处竖直地插下一测钎，并喊"好"。这样就定出1点，完成第一个尺段。

3）接着，前、后尺手将尺举起前进，当后尺手走到1点时，前尺手停下，再用同样方法定出2点，量出第二尺段。如此继续丈量下去，直到最后不足一整尺段时，前尺手准确读出B端点余尺读数，此读数称为余长q。

4）AB往测水平距离为

$$D_{往} = nl + q \tag{4-1}$$

式中　n——整尺段数；

　　　l——钢尺长度；

　　　q——不足一整尺的余长。

5）为了检核和提高精度，还应进行由B点量至A点的返测。根据AB往、返丈量的水平距离，来计算相对误差K和AB的水平距离D。

以往、返丈量距离之差ΔD的绝对值与距离平均值$D_{平}$之比，并化为分子为1的形式，称为相对误差K，来衡量距离丈量精度。以往返丈量的距离的平均值作为AB的水平距离D。即

AB距离　　　　　　　　$$D_{平} = \frac{1}{2}(D_{往} + D_{返}) \tag{4-2}$$

相对误差　　　　　　$$K = \frac{|D_{往} - D_{返}|}{D_{平}} = \frac{|\Delta D|}{D_{平}} = \frac{1}{\dfrac{D_{平}}{|\Delta D|}} \tag{4-3}$$

相对误差分母越大，则相对误差K越小，精度越高；反之，精度越低。在平坦地区钢尺量距的相对误差一般不应大于1/3000；在量距困难地区，其相对误差也不应大于1/1000。

【例4-1】　两次丈量结果为：AB往测水平距离为143.613m，返测为143.641m，计算相对误差和AB的水平距离。

解：$D_{平}$ = 1/2 × (143.613 + 143.641)m = 143.627m

$$K = \frac{143.641 - 143.613}{143.627} \approx \frac{1}{5100} < \frac{1}{3000}$$

所以，测量精度符合要求，AB的水平距离为143.627m。

2. 倾斜地面的距离丈量

（1）平量法 如果地面起伏不平，而尺段两端高差又不大时（如图4-9所示），可沿斜坡由高向低用钢尺分段丈量，以目估判定尺子的水平情况，使尺子一端靠地，另一端用锤球线紧靠钢尺的某分划，使锤球自由下坠，按锤球尖在地面所指位置插小测钎，得1点，此时尺上分划读数就是 A、1 两点间的水平距离。同样方法量出各段水平距离，则各测段丈量的水平距离的总和即为 AB 水平距离。

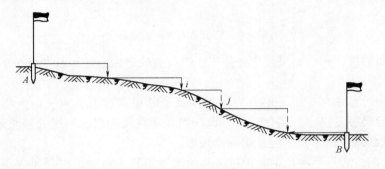

图 4-9　平量法

（2）斜量法 如图 4-10 所示，当地面坡度较大时，可先量出 AB 的斜距 L，然后测出 A、B 两点的高差 h，则 AB 的水平距离 D 为

$$D = \sqrt{L^2 - h^2} \tag{4-4}$$

或

$$D = L - \frac{h^2}{2L} \tag{4-5}$$

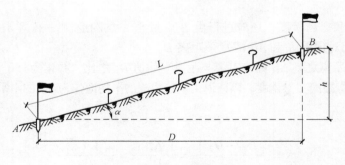

图 4-10　斜量法

4.1.4　钢尺量距的精密方法

钢尺量距的一般方法，相对误差一般为 1/3000～1/5000，当量距的精度要求较高时，应采用精密方法。采用精密方法量距时，相对误差可达 1/10000 以上。

精密方法量距时所采用的钢尺必须经过钢尺的检定，以求出钢尺的实际的长度。钢尺受到不同的拉力，其长度会发生变化。因此，使用钢尺量距时应用弹簧秤（一般为49N）。温度的变化也会使钢尺长度发生变化，故还要经过温度改正。实地量距时两端点存在高差，所量的距离为斜距，还要经过倾斜改正。综上所述，精密方法量距时，应加上三项改正：尺长改正、温度改正、倾斜改正。

1. 尺长改正

钢尺经过检定后，可知道它的实际长度 l 和名义长度 l_0。钢尺的尺长方程式为

$$l_t = l_0 + \Delta l + \alpha (t - t_0) l_0 \tag{4-6}$$

式中　l_t——钢尺在温度为 $t℃$ 时的实际长度。

钢尺的整尺长的尺长改正数为

$$\Delta l = l - l_0 \tag{4-7}$$

若实地量的倾斜距离为 l，则尺长改正数为

$$\Delta l_d = \frac{\Delta l}{l_0} l \tag{4-8}$$

2. 温度改正

若钢尺检定时温度为 t_0，而实际量距时温度为 t，由于温度不同，从而引起钢尺长度的变化，温度改正数为

$$\Delta l_t = \alpha (t - t_0) l \tag{4-9}$$

式中　α——钢尺的膨胀系数，约为 1.2×10^{-5}。

3. 倾斜改正数

若实地量距时两端点存在高差为 h，所量的斜距为 l，则倾斜改正数为

$$\Delta l_h = -\frac{h^2}{2l} \tag{4-10}$$

所以，改正后的水平距离为

$$D = l + \Delta l_t + \Delta l_h + \Delta l_d \tag{4-11}$$

4.1.5　钢尺量距的误差及注意事项

1. 钢尺量距的误差

钢尺量距的误差主要有钢尺误差、人为误差及外界条件的影响，详见表4-1。

表4-1　钢尺量距误差

误　差		来　源	性　质	处　理　方　法
钢尺误差	尺长误差	钢尺	系统性	尺长检定、尺长改正
人为误差	倾斜误差	人为观测	系统性	丈量时注意钢尺水平、倾斜改正
	定线误差	人为观测	系统性	采用经纬仪定线
	拉力误差	人为观测	系统性	按标准拉力拉紧、拉稳
	对点、投点误差 读数误差	人为观测	偶然性	应尽可能仔细操作
外界条件的影响	温度影响	外界条件	系统性	相对检定温度变化小于10℃不考虑； 大于10℃进行温度改正

2. 注意事项

1）量距前应仔细检查钢尺，查看钢尺零端、末端的位置，查看钢尺有无损伤。应采用经过检定的钢尺。

2）钢尺性脆，容易折断和生锈，使用时要避免打环、扭曲、拖拉，严禁车辗、人踏。用毕需擦干净、涂油。

3）前、后尺手动作要配合好，定线要直，尺子要拉平、拉直、拉稳，待尺子稳定时再读数或插测钎。测钎要竖直插下。

4）读数要细心，防止将6错读成9，或将10.026错读成10.260等。

5）记录应清楚，记好后及时回读，互相校核。

课题 2 普通视距测量

视距测量是根据几何光学原理测距的一种方法。视距测量可分为精密视距测量和普通视距测量。目前精密视距测量已被光电测距仪所取代。普通视距测量的测距精度虽仅有 $\frac{1}{200} \sim \frac{1}{300}$，但由于操作简便迅速，不受地形起伏限制，可同时测定距离和高差，被广泛用于测距精度要求不高的地形测量中。

4.2.1 普通视距测量原理

经纬仪、水准仪等测量仪器的十字丝分划板上，都有与横丝平行等距对称的两根短丝，称为视距丝。利用视距丝配合标尺就可以进行视距测量。

1. 视准轴水平时的距离与高差公式

如图 4-11 所示，在 A 点安置仪器，并使视准轴水平，在 B 点立标尺，视准轴与标尺垂直。对于倒像望远镜，下丝在标尺上读数为 n，上丝在标尺上读数为 m，下、上丝读数之差称为视距间隔或尺间隔 l（$l = n - m$）。由于上、下丝间距固定，两根丝引出的视线在竖直面内的夹角 φ 是一个固定角度（约为 $34'23''$）。因此，尺间隔 l 和立尺点到测站的水平距离 D 成正比，即：$\frac{D}{l} = K$。

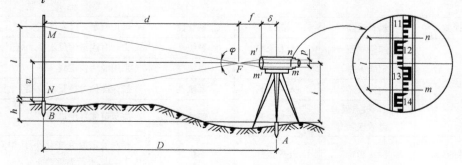

图 4-11 视距测量（平视）

比例系数 K 称为视距乘常数，由上、下丝的间距来决定。制造仪器时，通常使 $K=100$。因而视准轴水平时的视距公式为

$$D = Kl = 100l \tag{4-12}$$

同时，由图 4-11 可知，测站点到立尺点的高差为

$$h = i - v \tag{4-13}$$

式中　i——仪器高，是桩顶到仪器水平轴的高度；

　　　v——中丝在标尺上的读数。

2. 视准轴倾斜时的距离与高差公式

在地面起伏较大的地区测量时，必须使视准轴倾斜才能读取尺间隔，如图 4-12 所示。由于视准轴不垂直于标尺，不能用式(4-12) 和式(4-13)。如果能将尺间隔 mn 转换成与视准轴垂直的尺间隔 $m'n'$，就可按式(4-12) 计算倾斜距离 L，根据 L 和竖直角 α 算出水平距离 D 和高差 h。

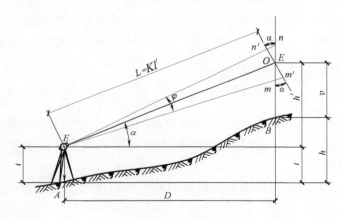

图 4-12　视距测量（倾斜）

图 4-12 中的 $\angle non' = \angle mom' = \alpha$，由于 φ 角很小，可近似认为 $\angle nn'o$ 和 $\angle mm'o$ 是直角，设 $l' = n'm'$，$l = nm$，则

$$l' = n'o + om' = no\cos\alpha + om\cos\alpha = l\cos\alpha$$

根据式(4-12) 得倾斜距离为

$$L = Kl' = Kl\cos\alpha \tag{4-14}$$

视准轴倾斜时的视距公式为

$$D = L\cos\alpha = Kl\cos^2\alpha \tag{4-15}$$

由图 4-12 知，测站到立尺点的高差为

$$h = D\tan\alpha + i - v \tag{4-16}$$

上式中 D 可用式(4-15) 代入，得

$$h = \frac{1}{2}Kl\sin2\alpha + i - v \tag{4-17}$$

4.2.2 视距测量的观测与计算

下面用实际观测数据举例说明视距测量的观测与计算。

1. 观测

在 A 点安置经纬仪，量取仪器高度（$i = 1.400\text{m}$）。转动照准部和望远镜瞄准 B 点标尺，分别读取中丝、上丝、下丝读数（$v = 1.400\text{m}$、$m = 1.242\text{m}$、$n = 1.558\text{m}$）。调整竖盘读数指标水准管气泡居中，读取竖盘读数（设在盘左位置的竖盘读数 $L = 93°28'$）。

2. 计算

假定所用经纬仪竖直角计算公式为 $\alpha = 90° - L + x$，竖盘指标差 $x = +1'$。

尺间隔　　　$l = n - m = 1.558\text{m} - 1.242\text{m} = 0.316\text{m}$

竖直角　　　$\alpha = 90° - L + x = 90° - 93°28' + 1' = -3°27'$

水平距离　　$D = Kl\cos^2\alpha = 100 \times 0.316 \times \cos^2(-3°27')\ \text{m} = 31.49\text{m}$

高差　　　　$h = D\tan\alpha + i - v = 31.49 \times \tan(-3°27')\ \text{m} + 1.40\text{m} - 1.40\text{m} = -1.90\text{m}$

4.2.3 视距测量误差及注意事项

1. 读数误差

读数误差直接影响尺间隔 l，当视距乘常数 $K = 100$ 时，读数误差将扩大 100 倍地影响距离测定。如读数误差为 1mm，则对距离的影响为 0.1m。因此，读数时应注意消除视差。

2. 标尺不竖直误差

标尺立得不竖直对距离测量结果的影响与标尺倾斜度和竖直角有关。当标尺倾斜 1°，竖直角为 30°时，产生的视距相对误差可达 1/100。为减小标尺不竖直误差的影响，应选用安装圆水准器的标尺。

3. 外界条件的影响

外界条件影响主要有大气的竖直折光、空气对流使标尺成像不稳定、风力使尺子抖动等。因此，应尽可能使仪器视线高出地面1m，并选择合适的天气作业。

上述三种误差对视距测量影响较大。此外，还有标尺分划误差、竖直角观测误差、视距常数误差等。

课题3　光电测距仪测距

电磁波测距是用电磁波（光波或微波）作为载波传输测距信号测量两点间距离的一种方法。与传统的钢尺量距和视距测量相比，电磁波测距具有测程长、精度高、作业快、工作强度低、几乎不受地形限制等优点。

4.3.1 电磁波测距技术发展简介

电磁波测距仪按其所采用的载波可分为用微波段的无线电波作为载波的微波测距仪、用激光作为载波的激光测距仪和用红外光作为载波的红外测距仪三种。后两者又统称为光电测距仪。微波和激光测距仪多属于长程测距，测程可达60km，一般用于大地测量，而红外测距仪属于中、短程测距仪，一般用于小地区控制测量、地形测量、地籍测量和工程测量等。

光电测距是一种物理测距的方法，它通过测定光波在两点间传播的时间计算距离，按此原理制作的以光波为载波的测距仪叫光电测距仪。按测定传播时间的方式不同，测距仪分为相位式测距仪和脉冲式测距仪；按测程大小可分为远程、中程和短程测距仪三种。目前工程测量中使用较多的是相位式短程光电测距仪。

4.3.2 电磁波测距仪测距原理

测距仪测距原理有脉冲法和相位法两种，其中脉冲法测距是利用电磁波作载波，在测线上传输测距信号，若测得电磁波在测线两端往返传播的时间 t，则两点间距离为

$$D = \frac{1}{2}ct \tag{4-18}$$

式中　c——电磁波在大气中的传播速度。

4.3.3 光电测距仪的使用

1. 仪器操作部件

虽然不同型号的仪器其结构及操作上有一定的差异，但从大的方面基本上是一致的。对具体的仪器按照其相应的说明书进行操作即可正确使用，下面以ND3000红外相位式测距仪为例，介绍短程光电测距仪的使用方法。

图4-13是南方测绘公司生产的ND3000红外相位式测距仪，它自带望远镜，望远镜的视准轴、发射光轴和接收光轴同轴，有垂直制动螺旋和微动螺旋，可以安装在光学经纬仪上或电子经纬仪上。测距时，测距仪瞄准棱镜测距，经纬仪瞄准棱镜测量竖直角，通过测距仪面板上的键盘，将经纬仪测量出的竖直角输入到测距仪中，可以计算出水平距离和高差。

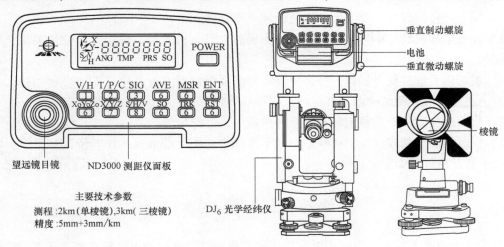

图4-13　ND3000红外测距仪及其单棱镜

图 4-14 为与仪器配套的棱镜对中杆与支架，它用于放样测量非常方便。

2. 仪器安置

将经纬仪安置于测站上，主机连接在经纬仪望远镜的连接座内并锁紧固定。经纬仪对中、整平。在目标点安置反光棱镜三脚架并对中、整平。按一下测距仪上的 <POWER> 键打开仪器（再按一下为关），显示窗内显示"8888888"约 3~5s，为仪器自检，表示仪器显示正常。

3. 测量竖直角和气温、气压

用经纬仪望远镜十字丝瞄准反光镜觇板中心，读取并记录竖盘读数，然后记录温度计的温度值和气压表的气压值。

图 4-14　棱镜对中杆与支架

4. 距离测量

测距仪上、下转动，使目镜的十字丝中心对准棱镜中心，左、右方向如果不对准棱镜，则可以调节测距仪的支架位置使其对准；测距仪瞄准棱镜后，发射的光波经棱镜反射回来，若仪器接收到足够的回光量，则显示窗下方显示"＊"，并发出持续鸣声；如果"＊"不显示，或显示暗淡，或忽隐忽现，表示未收回光，或回光不足，应重新瞄准；测距仪上下、左右微动，使"＊"的颜色最浓（表示接收到的回光量最大），称为电瞄准。

按 <MSR> 键，仪器进行测距，测距结束时仪器发出断续鸣声（提示注意），鸣声结束后显示窗显示测得的斜距，记下距离读数；按 <MSR> 键，进行第二次测距和第二次读数，一般进行 4 次，称为一个测回。各次距离读数最大、最小相差不超过 5mm 时取其平均值，作为一测回的观测值。如果需进行第二测回，则重复以上操作步骤。在各次测距过程中，若显示窗中"＊"消失，且出现一行虚线，并发现急促鸣声，表示红外光被遮，应消除其原因。

4.3.4　光电测距仪使用注意事项

1）切不可将照准头对准太阳，以免损坏光电器件。

2）注意电源接线，不可接错，经检查无误后方可开机测量。测距完毕注意关机，不要带电迁站。

3）视场内只能有反光棱镜，应避免测线两侧及镜站后方有其他光源和反射物体，并应尽量避免逆光观测；测站应避开高压线、变压器等处。

4）仪器应在大气比较稳定和通视良好的条件下进行观测。

5）仪器不要暴晒或雨淋，在强烈阳光下要撑伞遮阳，经常保持仪器清洁和干燥；在运输过程中要注意仪器安全。

课题 4　直线定向

为了确定地面上两点之间的相对位置，除了量测两点之间的水平距离外，还必须确定该直线与标准方向之间的水平夹角，这项工作称为直线定向。

4.4.1　标准方向

测量工作中常用真子午线方向、磁子午线方向或坐标纵轴（坐标 x 轴）方向作为直线定向的标准方向。

1. 真子午线方向（真北方向）

过地球南北极的平面与地球表面的交线叫真子午线。通过地球某点的真子午线的切线方向，称为该点的真子午线方向。真子午线中指向北端的方向称为真北方向。真北方向可由陀螺经纬仪测得。

2. 磁子午线方向（磁北方向）

磁子午线方向是磁针在地球磁场的作用下，自由静止时磁针轴线所指的方向。磁子午线中指向北端的方向称为磁北方向，如图4-15所示。磁北方向一般由罗盘测得。

3. 坐标纵轴方向（坐标北方向）

在测量工作中通常用独立平面直角坐标确定地面点的位置，因此取坐标纵轴（x 轴）作为直线定向的标准方向，如图4-15所示。坐标北方向可由坐标反算获得。

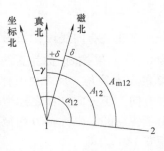

图4-15　三北之间的关系

4.4.2　直线方向的表示方法

测量中常用方位角、象限角来表示直线方向。

1. 方位角

由标准方向北端起，顺时针方向量到某直线的水平夹角，称为该直线的方位角，其取值范围是 $0° \sim 360°$。

测量工作中，一般采用坐标方位角 α 表示直线方向。如图4-16所示，直线 $O1$、$O2$、$O3$、$O4$ 的坐标方位角分别为 α_{O1}、α_{O2}、α_{O3}、α_{O4}。

2. 象限角

由标准方向北端或南端起，顺时针或逆时针方向量到某直线所夹的水平锐角，称为该直线的象限角，并注记象限，通常用 R 表示，角值从 $0° \sim 90°$。如图4-17所示，直线 $O1$、$O2$、$O3$、$O4$ 的象限角分别为北东 R_{O1}、南东 R_{O2}、南西 R_{O3}、北西 R_{O4}。

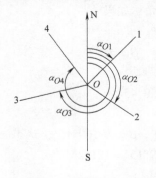

图4-16　方位角

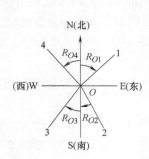

图4-17　象限角

坐标方位角与坐标象限角之间的换算关系见表4-2。

表4-2　坐标方位角与坐标象限角的换算关系

直 线 方 向	由坐标方位角推算坐标象限角	由坐标象限角推算坐标方位角
北东（NE），第Ⅰ象限	$R = \alpha$	$\alpha = R$
南东（SE），第Ⅱ象限	$R = 180° - \alpha$	$\alpha = 180° - R$
南西（SW），第Ⅲ象限	$R = \alpha - 180°$	$\alpha = 180° + R$
北西（NW），第Ⅳ象限	$R = 360° - \alpha$	$\alpha = 360° - R$

4.4.3　正、反坐标方位角

直线是有向线段，如图4-18所示，直线12的坐标方位角为α_{12}，直线21的坐标方位角为α_{21}，如果把α_{12}称为直线12的正方位角，则α_{21}便称为直线12的反方位角，反之也一样。一般在测量工作中常以直线的前进方向为正方向，反之称为反方向。在同一平面直角坐标系中，由于各点的纵坐标轴方向彼此平行，因此正、反坐标方位角应相差180°，即

$$\alpha_{反} = \alpha_{正} \pm 180° \qquad (4-19)$$

式中，当$\alpha_{正} < 180°$时，上式用加180°；当$\alpha_{正} > 180°$时，上式用减180°。

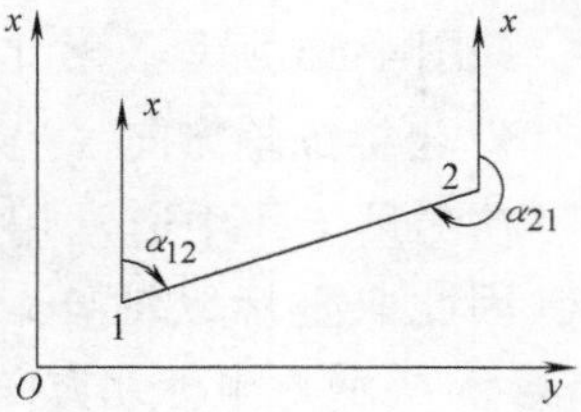

图4-18　正、反坐标方位角

4.4.4　坐标方位角的推算

如图4-19所示，已知直线AB的方位角α_{AB}，用经纬仪观测了左夹角（测量前进方向左侧的水平角）$\beta_{左}$或右夹角（测量前进方向右侧的水平角）$\beta_{右}$，则可用下式推算出直线BC的坐标方位角α_{BC}。

$$\alpha_{BC} = \alpha_{AB} + \beta_{左} - 180° \qquad (4-20)$$

或

$$\alpha_{BC} = \alpha_{AB} + 180° - \beta_{右} \qquad (4-21)$$

由上式可归纳得出坐标方位角推算的一般公式为

$$\alpha_{前} = \alpha_{后} + 180° \pm \beta_{右}^{左} \qquad (4-22)$$

上述一般公式用文字表达为前一边的坐标方位角，等于后一边的坐标方位角加180°，再加左夹角或减右夹角。如果计算的结果大于360°应减去360°，为负值时应加360°。

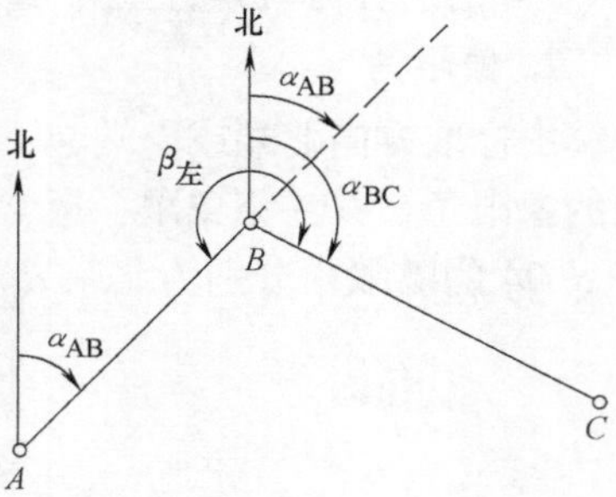

【例4-2】　如图4-19所示，已知α_{AB}为50°40′，$\beta_{左}$为250°45′，试求α_{BC}。

解：$\alpha_{BC} = \alpha_{AB} + 180° + \beta_{左} = 50°40' + 180° + 250°45' - 360° = 121°25'$

【例4-3】　如图4-19所示，已知α_{AB}为50°40′，$\beta_{右}$为109°15′，试求α_{BC}。

解：$\alpha_{BC} = \alpha_{AB} + 180° - \beta_{右} = 50°40' + 180° - 109°15' = 121°25'$

图4-19　坐标方位角推算

4.4.5　坐标的正、反算

1. 坐标正算

所谓坐标正算就是已知 A（x_A，y_A）、D_{AB} 和 α_{AB}，求 x_B、y_B 的过程，如图 4-20 所示。

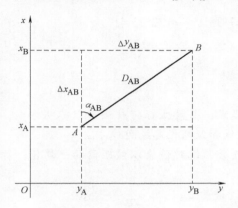 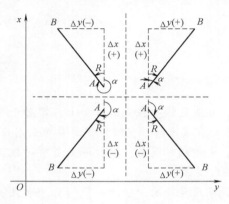

图 4-20　坐标正算

$$\begin{cases} x_B = x_A + \Delta x_{AB} \\ y_B = y_A + \Delta y_{AB} \end{cases} \tag{4-23}$$

其中

$$\begin{cases} \Delta x_{AB} = D_{AB} \times \cos\alpha_{AB} \\ \Delta y_{AB} = D_{AB} \times \sin\alpha_{AB} \end{cases} \tag{4-24}$$

2. 坐标反算

所谓坐标反算就是已知 A（x_A，y_A）、B（x_B、y_B），求 D_{AB} 和 R_{AB} 的过程。

$$D_{AB} = \sqrt{\Delta x_{AB}^2 + \Delta y_{AB}^2} \tag{4-25}$$

$$R_{AB} = \tan^{-1}\left|\frac{\Delta y_{AB}}{\Delta x_{AB}}\right| = \tan^{-1}\left|\frac{y_B - y_A}{x_B - x_A}\right| \tag{4-26}$$

注意：在计算方位角时，得到的角值是象限角，必须根据增量的符号确定直线所在的象限，根据象限角与方位角的关系得到真正的方位角。

坐标方位角与象限角之间的换算关系：

$$\begin{aligned} &\text{Ⅰ 象限} \quad \alpha = R \\ &\text{Ⅱ 象限} \quad \alpha = 180° - R \\ &\text{Ⅲ 象限} \quad \alpha = 180° + R \\ &\text{Ⅳ 象限} \quad \alpha = 360° - R \end{aligned}$$

【例 4-4】 已知点 A（366.689，588.354），B（245.244，721.378），求 D_{AB} 和 α_{AB}。

解：

$$\Delta x_{AB} = x_B - x_A = 245.244 - 366.689 = -121.445$$

$$\Delta y_{AB} = y_B - y_A = 721.378 - 588.354 = +133.024$$

$$D_{AB} = \sqrt{\Delta x_{AB}^2 + \Delta y_{AB}^2} = \sqrt{(-121.445)^2 + (+133.024)^2} = 180.123$$

此直线位于第Ⅱ象限，则：

$$R_{AB} = \tan^{-1} \left| \frac{\Delta y_{AB}}{\Delta x_{AB}} \right| = \tan^{-1} \left| \frac{+133.024}{-121.445} \right| = 47°36'19''$$

$$\alpha_{AB} = 180° - R_{AB} = 180° - 47°36'19'' = 132°23'41''$$

单 元 小 结

1. **直线定线**：在直线方向上标定若干个分段点，并竖立标杆或测钎以标明方向，这项工作称为直线定线。直线定线通常可采用目估定线和经纬仪定线两种方法。

2. **丈量相对误差**：把往返丈量所得距离的差数的绝对值除以该距离的平均值，称为丈量的相对误差。

3. **钢尺量距的一般方法**：（1）平量法；（2）斜量法。

4. **尺长方程式**：通常将钢尺在标准拉力下的实际长度随温度而变化的函数式，称为钢尺的尺长方程式，即

$$l_t = l_0 + \Delta l + \alpha (t - t_0) l_0$$

5. **钢尺量距的精密方法**：三项改正数的计算分别是尺长改正、温度改正和倾斜改正。

6. **直线定向**：确定直线与标准方向之间的角度关系叫直线定向。

7. **方位角**：由标准方向北端起，顺时针方向量至某直线的夹角称为该直线的方位角。

8. 正、反坐标方位角的关系为

$$\alpha_反 = \alpha_正 \pm 180°$$

9. 坐标方位角的推算

$$\alpha_前 = \alpha_后 + 180° \pm \beta_右^左$$

10. **象限角**：从坐标纵轴的北端或南端顺时针或逆时针起转至直线的锐角称为坐标象限角。

复习思考题

4-1　用钢尺丈量两段距离，丈量结果如下表所示，完成表格计算并判断两段距离丈量的精度高低。

测段	方向	整尺段长/m	余尺段长/m	总距离/m	较差	平均距离/m	相对精度	备注
AB	往测	30×6	18.345					
	返测	30×6	18.381					
CD	往测	30×4	12.366					
	返测	30×4	12.341					

4-2　将一根 30m 的钢尺与标准钢尺比较，发现此钢尺比标准钢尺长 16mm，已知标准钢尺的尺长方程式为 $l_t = 30m + 0.0052m + 1.25 \times 10^{-5} \times 30 \times (t - 20℃)$ m，钢尺比较时的温度为 31℃，求此钢尺的尺长方程式。

4-3　用尺长方程为 $l_t = 30m - 0.0068m + 1.25 \times 10^{-5} \times 30 \times (t - 20℃)$ m 的钢尺沿平坦地面丈量直线 AB 时，用了 4 个整尺段和 1 个不足整尺段的余长，余长值为 18.362m，丈量时的温度为 26.5℃，求 AB 的实际长度。

4-4　用尺长方程为 $l_t = 30m - 0.0038m + 1.25 \times 10^{-5} \times 30 \times (t - 20℃)$ m 的钢尺沿倾斜地面往返丈量 AB 边的长度，丈量时用 100N 的标准拉力，往测为 334.943m，平均温度为 28.5℃，返测为 334.922m，平均温度为 27.9℃，测得 AB 两点间高差为 2.68m，试求 AB 边的水平距离。

4-5　影响钢尺量距的主要因素有哪些？如何提高量距精度？

4-6　简述普通视距测量的基本原理，其主要优缺点有哪些？

4-7　普通视距测量的误差来源有哪些？其中主要误差来源有哪几种？

4-8　进行普通视距测量时，上下丝在标尺上读数的尺间隔 $l = 0.65m$，竖直角 $\alpha = 15°$，试求站点到立尺点的水平距离。

4-9　象限角与坐标方位角有何不同？如何换算？

4-10　四边形内角值如图 4-21 所示，已知 $\alpha_{12} = 165°20'$，求其余各边的坐标方位角。

4-11　如图 4-22 所示，已知 $\alpha_{12} = 239°50'$，求其余各边的坐标方位角。

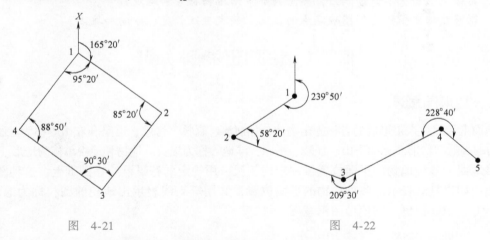

图　4-21　　　　　　　　　　　　　　图　4-22

4-12　什么是坐标正算？什么是坐标反算？

单元5
地形图及其应用

单元概述

　　本单元讲述了地形图的基本知识；地形图上地物和地貌的表示方法；地形图的识读及地形图在工程建设中的应用。

知识目标

　　1. 了解地形图的基本知识。
　　2. 掌握比例尺、比例尺精度、等高线、等高距、等高线平距等基本概念。

技能目标

　　1. 具备地形图基本识读能力，熟悉判别常用地物符号和地貌符号。
　　2. 能够熟练地根据地形图确定点的位置、确定直线长度、方向和坡度。

课题1　地形图的基本知识

5.1.1　地形图概述

　　地面上天然或人工形成的各种固定物体，如河流、森林、房屋、道路和农田等称为地物；地球表面的高低起伏形态，如高山、丘陵、平原、洼地等称为地貌。地物和地貌总称为地形。

　　将地面上各种地物的平面位置按一定比例尺，用规定的符号缩绘在图纸上，这种图称为平面图；如果是既表示出各种地物的平面位置，又用等高线表示出地貌的图，称为地形图。图5-1为1∶500比例尺的地形图示意图。

5.1.2　比例尺的表示方法和种类

1. 比例尺的表示方法

　　图上一段直线的长度与地面上相应线段的实地水平距离之比，称为该图的比例尺。比例尺的表示方法分为数字比例尺和图示比例尺两种。

　　（1）数字比例尺　数字比例尺是用分子为1，分母为整数的分数表示。设图上一段直线长度为d，相应实地的水平长度为D，则该图比例尺为

$$\frac{d}{D} = \frac{1}{\frac{D}{d}} = \frac{1}{M} \tag{5-1}$$

式中，*M* 为比例尺分母，*M* 越小，此分数值越大，则比例尺就越大。数字比例尺也可用比例数表示，如 1:500、1:1000 等。

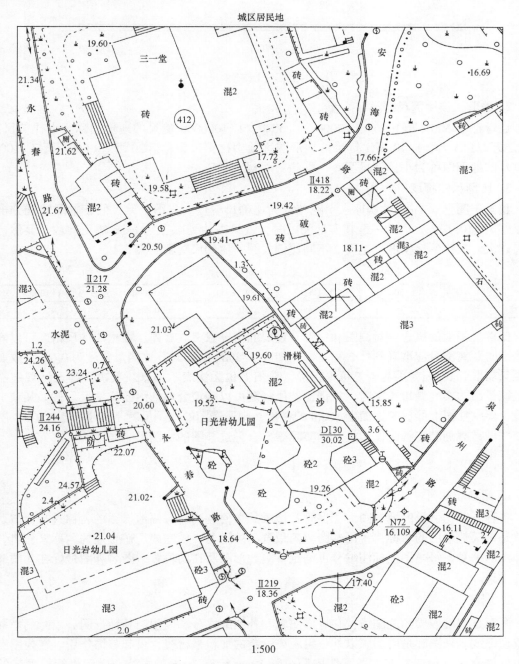

图 5-1　1:500 比例尺的地形图示意图

（2）图示比例尺　直线比例尺是最常见的图示比例尺，是在图纸上绘制的标准线条。图 5-2 为 1:1000 的直线比例尺，取 2cm 为基本单位，每基本单位所代表的实地长度为 20m。

图示比例尺标注在图纸的下方，便于用分规直接在图上量取直线段的水平距离，且可以抵消图纸伸缩的影响。

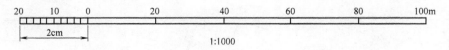

图 5-2　图示比例尺

2. 地形图按比例尺分类

通常把 1∶500、1∶1000、1∶2000、1∶5000、1∶10000 比例尺的地形图称为大比例尺图；1∶2.5万、1∶5万、1∶10万 比例尺的地形图称为中比例尺图；1∶20万、1∶50万、1∶100万 比例尺的地形图称为小比例尺图。

3. 比例尺的精度

相当于图上 0.1mm 的实地水平距离称为比例尺精度。在图上，人们正常眼睛能分辨的最小距离为 0.1mm，因此一般在实地测图时，就只需达到图上 0.1mm 的正确性。显然，比例尺越大，其比例尺精度也越高。不同比例尺图的比例尺精度见表 5-1。

表 5-1　比例尺精度

比例尺	1∶500	1∶1000	1∶2000	1∶5000	1∶10000
比例尺精度	0.05m	0.1m	0.2m	0.5m	1.0m

比例尺精度的概念，对测图和用图有重要的指导意义。首先，根据比例尺精度可以确定在测图时距离测量应准确到什么程度。例如在 1∶2000 测图时，比例尺精度为 0.2m，故实地量距只需取到 0.2m，因为若量得再精确，在图上也无法表示出来。其次，当设计规定需在图上能量出的实地最短长度时，根据比例尺精度可以确定合理的测图比例尺。例如某项工程建设，要求在图上能反映地面上 10cm 的精度，则所选图的比例尺就不能小于 1∶1000。所以应该按城市规划和工程建设、施工的实际需要合理选择图的比例尺。

5.1.3　地形图的图名、图廓及分幅

1. 图名和图号

各种不同比例尺的地形图为了保管及检索的方便，应对每幅地形图的名称进行命名。图名就是每幅地形图的名称，常用本图幅内最著名的地名、村庄或厂矿企业的名称来命名。图号即图的编号，每幅图上标注编号可确定本幅地形图所在的位置。图名和图号标在北图廓上方的中央。

2. 图廓

图廓是图幅四周的范围线，它有内图廓和外图廓之分。内图廓是地形图分幅时的坐标格网或经纬线。外图廓是内图廓以外一定距离绘制的加粗平行线，仅起装饰作用。在内图廓外四角处注有坐标值，并在内图廓线内侧每隔 10cm 绘有 5mm 的短线，表示坐标格网线的位置。在图幅内绘有每隔 10cm 的坐标格网交叉点，如图 5-3 所示。

3. 分幅及编号

地形图的分幅方法有两种，一种是按经纬度分幅的梯形分幅法，另一种是按坐标格网分

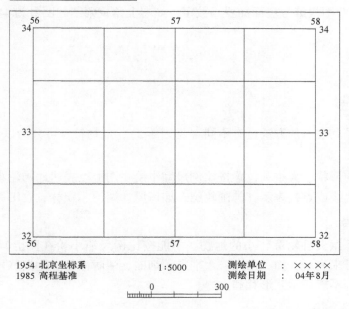

图 5-3　地形图的图号、图廓

幅的矩形分幅法。本书仅介绍矩形分幅法。

采用矩形分幅，图幅一般为 50cm×50cm 或 40cm×50cm，以纵横坐标的整公里数或整百米数作为图幅的分界线。50cm×50cm 图幅最常用。一幅 1:5000 的地形图分成四幅 1:2000 的地形图；一幅 1:2000 的地形图分成四幅 1:1000 的地形图；一幅 1:1000 的地形图分成四幅 1:500 的地形图。

矩形图幅的编号，一般采用该图幅西南角的 x 坐标和 y 坐标以公里为单位，之间用连字符连接。如某图幅，其西南角坐标为 $x=3810.0$km，$y=25.5$km，则其编号为 3810.0-25.5。编号时，1:5000 地形图，坐标取至 1km；1:2000、1:1000 地形图，坐标取至 0.1km；1:500 地形图，坐标取至 0.01km。对于小面积测图，还可以采用其他方法进行编号，例如按行列式或按自然序数法编号。对于较大测区，测区内有多种测图比例尺时，应进行系统编号。

有时在某些测区，根据用户要求，需要测绘几种不同比例尺的地形图。在这种情况下，为便于地形图的测绘管理、图形拼接、编绘、存档管理与应用，应以最小比例尺的矩形分幅地形图为基础，进行地形图的分幅与编号。

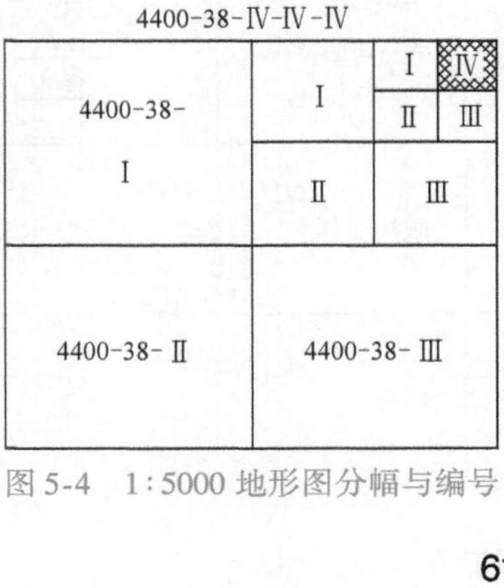

如测区内要分别测绘 1:500、1:1000、1:2000、1:5000 比例尺的地形图（可能不完全重叠），则应以 1:5000 比例尺的地形图为基础，进行 1:2000 和大于 1:2000 地形图的分幅与编号。如图 5-4 所示，1:5000 图幅的西南角坐标为

图 5-4　1:5000 地形图分幅与编号

$x = 4400 \text{km}$，$y = 38 \text{km}$，其编号为 4400-38。1:2000 图幅的编号是在 1:5000 图幅编号后面加上罗马数字 Ⅰ、Ⅱ、Ⅲ 或Ⅳ，如右上角一幅图的图号为 4400-38-Ⅳ；1:1000 图幅的编号是在 1:2000 图幅编号后面加罗马数字，如右上角一幅图的图号为 4400-38-Ⅳ-Ⅳ；1:500 图幅的编号是在 1:1000 图幅编号后面加罗马数字，如右上角一幅图的图号为 4400-38-Ⅳ-Ⅳ-Ⅳ。

课题 2　地物符号与地貌符号

5.2.1　地物符号

不同地物符号其表示的方法也有不同（见表 5-2），地物符号可分为以下 4 种类型。

1. 比例符号

它能将地物的形状、大小和位置按比例尺缩小绘在图上以表达地物轮廓特征的符号。这类符号一般是用实线或点线表示其外围轮廓，如房屋、湖泊、森林、农田等。

2. 非比例符号

一些具有特殊意义且轮廓较小的地物，不能按比例尺缩小绘在图上时，就采用统一尺寸、用规定的符号来表示，如三角点、水准点、烟囱、消防栓等。这类符号在图上只能表示地物的中心位置，不能表示其形状和大小。

3. 半比例符号

一些呈线状延伸的地物，其长度能按比例缩绘，而宽度不能按比例缩绘，需用一定的符号表示的称为半比例符号，也称线状符号，如铁路、公路、围墙、通信线等。半比例符号只能表示地物的位置（符号的中心线）和长度，不能表示宽度。

4. 地物注记

有些地物除用相应的符号表示外，对于地物的性质、名称等还需要用文字或数字加以注记和说明，称为地物注记，例如工厂、村庄的名称，房屋的层数，河流的名称、流向、深度，控制点的点号、高程等。

表 5-2　常用地物符号和地貌符号

编号	符号名称	1:500　1:1000	1:2000	编号	符号名称	1:500　1:1000	1:2000
1	一般房屋 混—房屋结构 3—房屋层数	混3	1.6	4	台阶	0.6	1.0
2	破坏房屋	破		5	无看台的露天体育场	体育场	
3	棚房	45° 1.6		6	游泳池	泳	

（续）

编号	符号名称	1:500 1:1000	1:2000	编号	符号名称	1:500 1:1000	1:2000
7	等级公路 2—技术等级代码 （G325）—国道 路线编码	2(G325)	0.2 0.4	16	喷水池	1.0	3.6
				17	GPS控制点	3.0	B 14 495.267
8	乡村路 a. 依比例尺的 b. 不依比例尺的	a 4.0 1.0 b 8.0 2.0	0.2 0.3	18	导线点 Ⅰ16—等级、点号 84.46—高程	2.0	Ⅰ16 84.46
9	内部道路	1.0 1.0		19	水准点 Ⅱ京石5—等级、 点名、点号 32.804—高程	2.0	Ⅱ京石5 32.804
10	旱地	1.0 2.0 10.0 10.0		20	路灯	1.6	2.0 4.0 1.0
11	花圃	1.6 1.6 10.0 10.0		21	围墙 a. 依比例尺的 b. 不依比例尺的	a 10.0 b 10.0 0.6	0.3
12	有林地	a 1.6 松6		22	挡土墙	1.0 6.0	0.3
				23	栅栏、栏杆	10.0 1.0	
				24	铁丝网	10.0	
				25	通讯线 地面上的	4.0	
				26	电线架		
13	人工草地	2.0 3.0 10.0 10.0		27	陡坎 a. 加固的 b. 未加固的	a 2.0 b	
14	稻田	0.2 3.0 1.0 10.0 10.0		28	等高线 a. 首曲线 b. 计曲线 c. 间曲线	a b c 1.0 6.0	0.15 0.3 0.15
15	池塘	塘 塘		29	等高线注记	25	

5.2.2 地貌符号

地貌是指地面高低起伏的自然形态。

地貌形态多种多样，对于一个地区可按其起伏的变化分成以下四种地形类型：地势起伏小，地面倾斜角一般在2°以下，高差一般不超过20m的，称为平地；地面高低变化大，倾斜角一般在2°~5°，高差不超过150m的，称为丘陵地；高低变化悬殊，倾斜角一般为5°~25°，高差一般在150m以上的，称为山地；绝大多数倾斜角超过25°的，称为高山地。

地形图上表示地貌的方法有多种，对于大、中比例尺地形图主要采用等高线法，对于特殊地貌将采用特殊符号表示（见表5-2）。

1. 等高线

等高线是地面上高程相同的相邻点相连而成的闭合曲线，也就是设想水准面与地表面相交形成的闭合曲线。

如图5-5所示，设想有一座高出水面的小山，与某一静止的水面相交形成的水涯线为一闭合曲线，曲线的形状随小山与水面相交的位置而定，曲线上各点的高程相等。例如，当水面高为70m时，曲线上任一点的高程均为70m；若水位继续升高至80m、90m，则水涯线的高程分别为80m、90m。将这些水涯线垂直投影到水平面H上，并按一定的比例尺缩绘在图上，这就将小山用等高线表示在地形图上了。这些等高线的形状和高程标注，客观地显示了小山的空间形态。

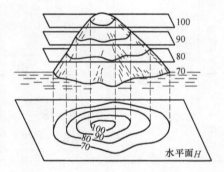

图5-5 等高线概念

2. 等高距与等高线平距

相邻等高线之间的高差称为等高距或等高线间隔，常以h表示。图5-5中的等高距是10m。在同一幅地形图上，等高距是相同的。

相邻等高线之间的水平距离称为等高线平距，常以d表示，由于同一幅地形图中等高距是相同的，所以等高线平距d的大小与地面的坡度有关。等高线平距越小，地面坡度越大；平距越大，则坡度越小；坡度相同，平距相等。由此可见，根据地形图上等高线的疏、密可决定地面坡度的缓、陡。表5-3是大比例尺地形图的基本等高距参考值。

表5-3 大比例尺地形图的基本等高距

比例尺	平地/m	丘陵地/m	山地/m	比例尺	平地/m	丘陵地/m	山地/m
1:500	0.5	0.5	1	1:2000	0.5	1	2, 2.5
1:1000	0.5	1	1	1:5000	1	2, 2.5	2.5, 5

3. 等高线的特性

通过研究等高线表示地貌的规律性，可以归纳出等高线的特征，它对于地貌的测绘和等高线的勾画，以及正确使用地形图都有很大帮助。

（1）等高性　同一条等高线上各点的高程相等。

（2）闭合性　等高线是闭合曲线，不能中断，如果不在同一幅图内闭合，则必定在相邻的其他图幅内闭合。

（3）非交性　等高线只有在绝壁或悬崖处才会重合或相交。

（4）正交性　等高线经过山脊或山谷时改变方向，因此山脊线、山谷线与改变方向处的等高线的切线垂直相交，其关系如图5-6所示。

（5）密陡稀缓性　在同一幅地形图上，等高距是相同的。因此，等高线平距大表示地面坡度小；平距小则表示地面坡度大；平距相等则坡度相同。倾斜平面的等高线是一组间距相等且平行的直线。

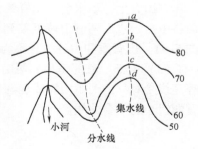

4. 等高线的分类

地形图中的等高线主要有首曲线和计曲线，有时也用间曲线和助曲线。

（1）首曲线　也称基本等高线，是指从高程基准面起算，按规定的基本等高距描绘的等高线称首曲线，它用宽度为0.15mm的细实线表示。

图5-6　山脊线、山谷线与等高线的关系

（2）计曲线　从高程基准面起算，每隔四条基本等高线有一条加粗的等高线，称为计曲线。为了读图方便，计曲线上应注出高程。

（3）间曲线和助曲线　当基本等高线不足以显示局部地貌特征时，按二分之一基本等高距所加绘的等高线，称为间曲线，用长虚线表示。按四分之一基本等高距所加绘的等高线，称为助曲线，用短虚线表示。描绘时这两类曲线均可不闭合。

5. 典型地貌的等高线

地貌形态繁多，通过仔细研究和分析就会发现它们是由几种典型的地貌综合而成的。了解和熟悉用等高线表示典型地貌的特征，有助于识读、应用和测绘地形图。

（1）山头和洼地　图5-7所示为山头的等高线，图5-8所示为洼地的等高线。

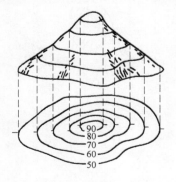

图5-7　山头的等高线

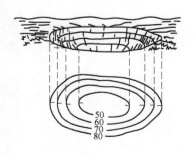

图5-8　洼地的等高线

山头与洼地的等高线都是一组闭合曲线，但它们的高程注记不同。内圈等高线的高程注记大于外圈者为山头；反之，小于外圈者为洼地。也可以用示坡线表示山头或洼地。

示坡线是垂直于等高线的短线，用以指示坡度下降的方向。

（2）山脊和山谷　山顶向一个方向延伸的凸棱部分称为山脊。山脊的最高点连线称为山脊线。山脊等高线表现为一组凸向低处的曲线（见图5-9）。

相邻山脊之间的凹部是山谷。山谷中最低点的连线称为山谷线，如图5-9所示。山谷等高线表现为一组凸向高处的曲线。

在山脊上，雨水会以山脊线为分界线而流向山脊的两侧，所以山脊线又称为分水线。在山谷中，雨水由两侧山坡汇集到谷底，然后沿山谷线流出，所以山谷线又称为集水线（见图5-6）。山脊线和山谷线合称为地性线。

（3）鞍部　鞍部是相邻两山头之间呈马鞍形的低凹部位，见图5-10。它的左右两侧的等高线是对称的两组山脊线和两组山谷线。鞍部等高线的特点是在一圈大的闭合曲线内，套有两组小的闭合曲线。

图5-9　山脊和山谷的等高线

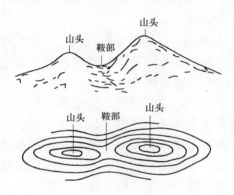

图5-10　鞍部的等高线

（4）陡崖和悬崖　陡崖是坡度在70°以上或为90°的陡峭崖壁，若用等高线表示则等高线将非常密集或重合为一条线，因此采用陡崖符号来表示，如图5-11a、b所示。

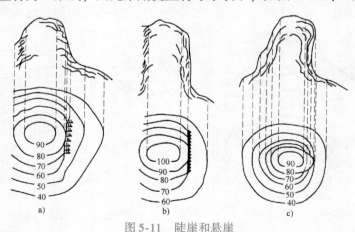

图5-11　陡崖和悬崖

a）、b）陡崖符号　c）悬崖的等高线

　　悬崖是上部突出，下部凹进的陡崖，其上部的等高线投影到水平面时，与下部的等高线相交，下部凹进的等高线用虚线表示，如图 5-11c 所示。

　　识别上述典型地貌的等高线表示方法以后，进而能够认识地形图上用等高线表示的复杂地貌。

课题 3　地形图的应用

5.3.1　地形图识读

1. 地形图注记的识读

　　根据地形图图廓外的注记，可全面了解地形的基本情况，对正确用图有很重要的作用。例如，通过接图表可以了解本图幅与相邻图幅间的位置关系；由左下角的系统注记可以了解地形图的坐标系统、高程系统、等高距，根据读图应参照的图示文件可以理解图上的符号与注记的确切含义，根据测图的日期注记可以知道地形图的新旧，从而判断地物、地貌的变化程度；由地形图的比例尺可以知道该地形图反映地物、地貌的详略；通过坡度尺可以直接用分规量测任意相邻两等高线间的坡度等。

2. 地物和地貌的识读

　　在工程中，通过地形图来分析、研究地形，主要是根据《地形图图式》中符号、等高线的性质和测绘地形图时综合取舍的原则和标准来识读地物、地貌。地形图的内容很丰富，主要内容包括测量控制点、居民地、工矿企业建筑、独立地物、道路、管线和垣栅、水系及其附属建筑、境界、地貌及土质、植被。

5.3.2　地形图应用的基本内容

　　地形图应用的内容：确定图上某点的平面坐标和高程；点与点间的高差、直线的长度、坐标方位角和坡度；直线间的夹角；图形面积的量算和体积的计算，确定汇水面积、土石方量；按设计线路绘制纵断面图、按规定坡度选最短线路等。

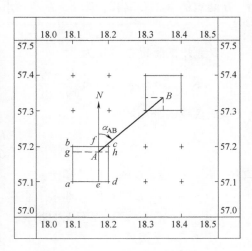

图 5-12　求图上某点的坐标

1. 确定图上某点的平面坐标和高程

　　点的坐标是根据地形图上标注的坐标格网的坐标值确定的。如图 5-12 所示，欲求 A 点坐标，先将 A 点所在的方格网 $abcd$ 用直线连接，过 A 点作格网线的平行线，交格网边于 g、e 点。再按测图比例尺量出 $ag = 84.3$m，$ae = 72.5$m，则 A 点坐标为（图格坐标以 km 为单位）

$$x_A = x_a + ag = （57100 + 84.3）\text{m} = 57184.3\text{m}$$

$$y_A = y_a + ae = （18100 + 72.5）\text{m} = 18172.5\text{m}$$

如考虑图纸变形，则 A 点坐标按下式计算

$$\begin{cases} x_{\mathrm{A}} = x_{\mathrm{a}} + \dfrac{l}{ab}\,ag\,M \\[2mm] y_{\mathrm{A}} = y_{\mathrm{a}} + \dfrac{l}{ad}\,ae\,M \end{cases} \tag{5-2}$$

式中　ab、ad、ag、ae——图上量取的长度；

　　　　　　　　l——方格的标称边长，一般为 100mm；

　　　　　　　　M——比例尺分母；

　　　　　　x_{a}、y_{a}——a 点坐标。

图上点的高程可通过等高线求得。若所求点恰好位于某等高线上，那么该点高程等于该等高线的高程。如图 5-13 中，A 点高程为 50m。若所求点在两等高线之间，如图 5-13 中 B 点，可通过 B 作一条大致垂直于两相邻等高线的线段 mn，在图上量出 mn 和 mB 的长度，则 B 点高程为

$$H_{\mathrm{B}} = H_{\mathrm{m}} + \frac{mB}{mn}h \tag{5-3}$$

式中　H_{m}——m 点的高程；

　　　　h——等高距。

实际应用中在求图上的某点高程时，一般都是目估 mB 与 mn 的比例来确定 B 点的高程。

2. 确定图上直线的长度、坐标方位角和坡度

如图 5-12 所示，欲求 A、B 两点间的距离、坐标方位角及坡度，必须先用式（5-2）或式（5-3）求出 A、B 两点的坐标和高程，则 A、B 两点水平距离为

$$D_{\mathrm{AB}} = \sqrt{(x_{\mathrm{B}} - x_{\mathrm{A}})^2 + (y_{\mathrm{B}} - y_{\mathrm{A}})^2} \tag{5-4}$$

AB 直线的坐标方位角为

$$\alpha_{\mathrm{AB}} = \arctan\frac{y_{\mathrm{B}} - y_{\mathrm{A}}}{x_{\mathrm{B}} - x_{\mathrm{A}}} \tag{5-5}$$

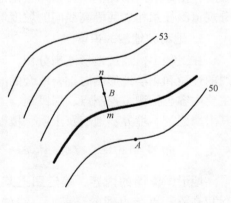

图 5-13　求图上某点的高程

AB 直线的平均坡度为

$$i = \frac{h_{\mathrm{AB}}}{D_{\mathrm{AB}}} = \frac{H_{\mathrm{B}} - H_{\mathrm{A}}}{d_{\mathrm{AB}}M} \tag{5-6}$$

式中　h_{AB}——A、B 两点间的高差；

　　　D_{AB}——A、B 两点间实地水平距离；

　　　d_{AB}——A、B 两点在图上的距离；

　　　　M——比例尺分母。

注意：坐标方位角 α_{AB} 取值范围是 $0° \sim 360°$，arctan 函数取值范围是 $-90° \sim +90°$，两者不一致，所以应根据坐标增量 Δx，Δy 最后确定坐标方位角。

坡度一般用千分率或百分率表示。

当 A、B 两点在同一幅图中时，可用比例尺或量角器直接在图上量取距离或坐标方位角，但量得的结果比计算结果精度低。

3. 图形面积的量算

在地形图上量算面积的方法较多，如透明方格纸法、平行线法、解析法、求积仪法等，下面介绍透明方格纸法和平行线法两种方法。

（1）透明方格纸法　如图5-14a所示，要计算曲线内的面积，将一张透明方格纸覆盖在图形上，数出曲线内的整方格数 n_1 和不足一整格的方格数 n_2。设每个方格的面积为 a（当为毫米方格时，$a = 1\text{mm}^2$），则曲线围成的图形实地面积为

$$A = \left(n_1 + \frac{1}{2}n_2\right) aM^2 \tag{5-7}$$

式中，M 为比例尺分母，计算时应注意单个方格面积 a 的单位。

（2）平行线法　如图5-14b所示，在曲线围成的图形上绘出间隔相等的一组平行线，并使两条平行线与曲线图形边缘相切。将这两条平行线间隔等分得相邻平行线间距为 h。每相邻平行线之间的图形近似为梯形。用比例尺量出各平行线在曲线内的长度为 l_1、l_2、$\cdots$、l_n，则各梯形面积为

$$A_1 = \frac{1}{2}h\left(0 + l_1\right)$$

$$A_2 = \frac{1}{2}h\left(l_1 + l_2\right)$$

$$\vdots$$

$$A_n = \frac{1}{2}h\left(l_{n-1} + l_n\right)$$

$$A_{n+1} = \frac{1}{2}h\left(l_n + 0\right)$$

图形总面积为

$$A = A_1 + A_2 + \cdots + A_{n+1} = h\left(l_1 + l_2 + \cdots + l_n\right) \tag{5-8}$$

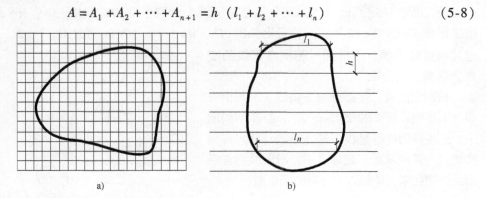

图 5-14　量算面积

a）透明方格纸法　b）平行线法

4. 按一定方向绘制纵断面图

断面图是显示指定方向地面起伏变化的剖面图，可供道路、管道等设计坡度、计算土石方量及边坡放样用。

如图 5-15 所示，利用地形图绘制纵断面图时，首先要确定方向线 MN 与等高线交点 1、2、…、9 的高程及各交点至起点 M 的水平距离，在根据点的高程及水平距离按一定的比例尺绘制成断面图。具体做法如下：

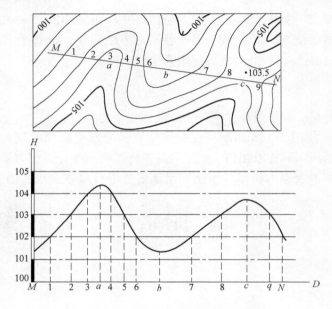

图 5-15 绘制纵断面图

第一步：绘制直角坐标轴线，横坐标轴 D 表示水平距离，比例尺与图上比例尺相同；纵坐标轴 H 表示高程，为能更好显示地面起伏形态，其比例尺是水平距离比例尺的 10 或 20 倍。并在纵轴上注明高程，高程的起始值选择要恰当，使断面图位置适中。

第二步：确定断面点，先用分规在地形图上分别量取 M1、M2、…、MN 的距离，再在横坐标轴 D 上，以 M 为起点，量出长度 M1、M2、…、MN 以定出 M、1、2、…、N 点。通过这些点做垂线，就得到与相应高程线的交点，这些点为断面点。

绘断面图时，还必须将方向线 MN 与山脊线、山谷线、鞍部的交点 a、b、c 绘在断面图上。这些点的高程是根据等高线或碎部点高程按比例内插法求得。最后，用光滑曲线将各断面点连接起来，即得 MN 方向的断面图。

5. 按规定坡度选最短线路

在地形图上确定道路、管线的线路时，常要求在规定的坡度内选择一条最短线路。如图 5-16 所示，设在 1:5000 的地形图上选定一条从河边 A 到山顶 B 的公路，要求公路的纵向坡度不超过 5%。若图上等高距为

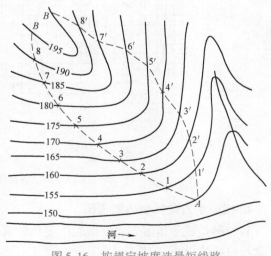

图 5-16 按规定坡度选最短线路

5m，则路线通过相邻两条等高线之间的最短距离为

$$d = \frac{h}{iM} = \frac{5}{0.05 \times 5000}\text{m} = 0.02\text{m} = 20\text{mm}$$

作图方法是：在图上以 A 为圆心，20mm 为半径，画弧交 155m 等高线于一点；再以 1 点为圆心，用同样方法交 160m 等高线于 2 点，依此类推，直到 B 点为止。连接相邻点，便在图上得到了符合限制坡度的路线，如 $A123 \cdots B$，同时考虑其他因素，如少占或不占农用田，建筑费用最少，要避开塌方或崩裂地区等，以便确定路线的最佳方案。

单 元 小 结

1. 地形图：地形图是既表示地物的平面分布状况，又表示地貌起伏状况的图样。

2. 地形图比例尺：地形图上某一线段的长度 d 与它所代表的地面上的水平距离 D 之比，称为地形图的比例尺。比例尺的形式有数字比例尺和图式比例尺两种。

3. 地物符号：有比例符号、非比例符号、线形符号、注记符号。

4. 地貌符号：

等高线：等高线是地面上高程相同的相邻点所连成的闭合曲线。

等高距：等高距是相邻两条高程不同的等高线之间的高差。

等高线平距：相邻等高线之间的水平距离。

5. 等高线的特性：等高性、闭合性、非交性、正交性、密陡稀缓性。

6. 识读地形图的步骤：首先识读图廓外的注记说明，然后分析地物和植被，最后分析图上地貌形态。

7. 地形图的基本应用：应用地形图的基本内容包括确定图上某点的平面坐标和高程；点与点间的高差、直线的长度、坐标方位角和坡度；图形面积的量算；按设计线路绘制纵断面图、按规定坡度选最短路线等。

 复习思考题

5-1　什么是比例尺精度？它在测绘工作中有何作用？

5-2　地物符号有几种？各有何特点？

5-3　何谓等高线？在同一幅图上，等高距、等高线平距与地面坡度三者之间的关系如何？

5-4　等高线有哪些基本特性？

5-5　地物、地貌一般分为哪十大类？

5-6　地形图应用的内容有哪些？

5-7　如图 5-17 所示，请利用图中所示信息完成如下作业：

（1）求控制点 $N3$ 和 $N5$ 的坐标。

（2）求 $N3$ 至 $N5$ 的距离和这个方向的坐标方位角。

（3）求控制点 *N3* 和 *N5* 的高程。

（4）求 *N3* 至 *N5* 的平均坡度。

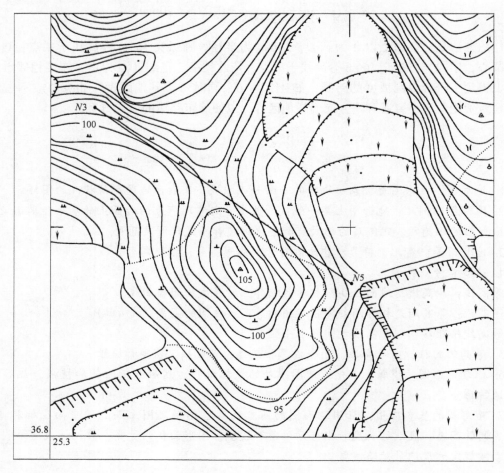

图 5-17　1:1000 地形图

单元6
建筑施工测量

单元概述

本单元主要介绍施工测量的基本知识、特点、精度及组织原则；施工测量的基本工作及点的平面和高程位置的放样方法；建筑场地上的控制测量；建筑物的定位和放线测量、基础施工测量、高层建筑物的轴线投测、厂房柱列轴线和柱基测量、厂房构件安装测量。

知识目标

1. 了解建筑施工测量的基本方法。
2. 掌握民用建筑施工测量的整个施工测量过程、施工放样、放线。

技能目标

熟练掌握小型建筑物的定位，建筑基线和建筑方格网的建立。

课题1　测设的基本工作和测设点位的方法

6.1.1　施工测量概述

施工测量是按照设计和施工的要求将设计的建筑物、构筑物的平面位置在地面上标定出来，作为施工的依据，并在施工过程中进行的一系列的测量工作，以衔接和指导各工序之间的施工。施工测量的主要工作是测设点位，又称施工放样。

施工测量贯穿于整个施工过程中，从场地平整、建筑物定位、基础施工，到建筑物构件的安装等工序，都需要进行施工测量。其主要内容有以下几点：

1）建立施工控制网。

2）建筑物、构筑物的详细放样。

3）检查、验收。每道施工工序完工之后都要通过测量检查工程各部位的实际位置及高程是否与设计要求相符合。

4）变形观测。随着施工的进展，测定建筑物在平面和高程方面产生的位移和沉降，收集整理各种变形资料，作为鉴定工程质量和验证工程设计、施工是否合理的依据。

1. 施工测量的特点

施工测量与一般测定工作相比有如下特点：

1) 目的不同。测定工作是将地面上的地物、地貌测绘到图纸上，而施工测量是将图纸上设计的建筑物或构筑物放样到实地。

2) 精度要求不同。施工测量的精度要求取决于工程的性质、规模、材料、施工方法等因素。一般高层建筑物的施工测量精度要求高于低层建筑物的施工测量精度，钢结构施工测量精度要求高于钢筋混凝土结构的施工测量精度，装配式建筑物施工测量精度要求高于非装配式建筑物的施工测量精度。此外，由于建筑物、构筑物的各部分相对位置关系的精度要求较高，因而工程的细部放样精度要求往往高于整体放样精度。

3) 施工测量工序与工程施工的工序密切相关。测量人员要了解设计的内容、性质及其对测量工作的精度要求，熟悉图纸上的标定数据，了解施工的全过程，并掌握施工现场的变动情况，使施工测量工作能够与工程施工密切配合。

4) 受施工干扰大。施工场地上工种多、交叉作业频繁，并要填、挖大量土、石方，地面变动很大，又有车辆等机械振动，因此各种测量标志必须避开运输线，埋设在稳固且不易被破坏的位置，并经常检查；如有破坏，要及时恢复。

2. 施工测量的原则

为了保证施工能满足设计要求，施工测量必须遵循"由整体到局部，先控制后碎部"的原则，即先在施工现场建立统一的施工控制网，然后以此为基础，再放样建筑物的细部位置。采取这一原则，可以减少误差积累，保证放样精度，免得因建筑物众多而引起放样工作的紊乱。

此外，施工测量责任重大，稍有差错，就会酿成工程事故，造成重大损失，因此必须加强外业和内业的检核工作。检核是测量工作的灵魂。

6.1.2 测设的基本工作

测量的基本工作是水平距离测量、水平角测量和高差测量。测设的基本工作与之相近，它是测设已知的水平距离、已知的水平角和已知的高程。

1. 测设已知水平距离

测设已知水平距离就是根据已知的起点、线段方向和两点间的水平距离找出另一端点的地面位置。测设已知水平距离所用的工具与丈量地面两点间的水平距离相同，即钢尺或光电测距仪（或全站仪）。

（1）用钢尺放样已知水平距离

1) 一般方法。从已知起点开始，沿给定方向按已知长度值，用钢尺直接丈量出另一端点。为了检核，应往返丈量，取其平均值作为最终结果。

2) 精确方法。当放样精度要求较高时，先按一般方法放样，再对所放样的距离进行精密改正，即进行三项改正，精密量距计算公式(4-11) 可改写为

$$D_{放} = D_{设} - (\Delta l_d + \Delta l_t + \Delta l_h) \tag{6-1}$$

【例 6-1】 设欲测设 AB 的水平距离 $D = 29.7500\text{m}$，使用的钢尺名义长度为 30m，实际长度为 29.9870m，钢尺检定时的温度为 20℃，钢尺膨胀系数为 1.23×10^{-5}，A、B 两点的高差为 $h = -0.568\text{m}$，实测时温度为 32.5℃。求测设时在地面上应量出的长度是多少？

解：① 尺长改正：$\Delta l_d = \dfrac{29.9870 - 30}{30} \times 29.7500\text{m} = -0.0129\text{m}$

② 温度改正：$\Delta l_t = 1.23 \times 10^{-5} \times (32.5 - 20) \times 29.7500\text{m} = 0.0046\text{m}$

③ 倾斜改正：$\Delta l_h = -\dfrac{(-0.568)^2}{2 \times 29.7500}\text{m} = -0.0054\text{m}$

④ 放样长度：

$$
\begin{aligned}
D_{放} &= D_{设} - (\Delta l_d + \Delta l_t + \Delta l_h) \\
&= 29.7500\text{m} - [(-0.0129) + 0.0046 + (-0.0054)]\text{m} \\
&= 29.7637\text{m}
\end{aligned}
$$

（2）用光电测距仪（或全站仪）测设已知水平距离　目前水平距离的测设，尤其是较长水平距离的测设多采用光电测距仪。用光电测距仪测设已知水平距离与用钢尺测设已知水平距离的方式一致，先用跟踪法放出另外一端点，再精确测量其长度，最后进行改正。

如图 6-1 所示，安置仪器于 A 点，瞄准并锁定已知方向，沿此方向移动反光棱镜，使仪器显示值略大于测设的距离，定出 B' 点。在 B' 点安置反光棱镜，测出竖直角 α 及斜距 L，计算水平距离 $D' = L\cos\alpha$，求出 D' 与应测设的水平距离 D 之差 $\Delta D = D - D'$。根据 ΔD 的符号在实地用钢尺沿测设方向将 B' 改正至 B 点，并用木桩标定其点位。为了检核，应将反光镜安置于 B 点，再实测 AB 距离，其不符值应在限差之内，否则应再次进行改正，直至符合限差为止。

2. 测设已知水平角

测设已知水平角就是根据水平角的已知数据和一个已知方向，把该角的另一个方向放样在地面上。

（1）一般方法　如图 6-2 所示，已知地面上 OA 方向，向右放样已知水平角 β，定出 OB 方向，步骤如下：

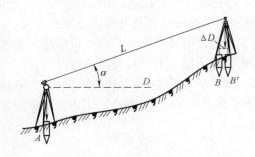

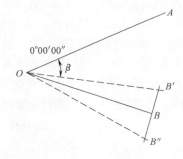

图 6-1　光电测距仪测设水平距离　　　　图 6-2　已知水平角一般测设

1）在 O 点安置经纬仪，盘左位置，瞄准 A 点，并使水平度盘数为 $0°00'00''$。

2）松开水平制动螺旋，旋转照准部，使水平度盘读数为 β 值，在此方向线定出 B' 点。

3）盘右位置同法定出 B'' 点，取 B'、B'' 连线的中点 B，则 $\angle AOB$ 就是要放样的水平角 β。

（2）精确方法　当对放样精度要求较高时，可按下述方法步骤进行：

1）如图 6-3 所示，先按一般方法样定出 B_1 点。

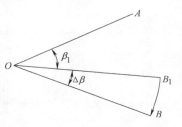

图 6-3　已知水平角精确测设

2）反复观测水平角$\angle AOB_1$若干个测回，准确求其平均值β_1，并计算出它与已知水平角的差值$\Delta\beta = \beta - \beta_1$。

3）计算改正距离

$$BB_1 = OB_1 \frac{\Delta\beta}{\rho} \tag{6-2}$$

式中　OB_1——观测点O至放样点B_1的距离；

　　　ρ——换算常数，$\rho = 206265''$。

4）从B_1点沿OB_1的垂直方向量出BB_1，定出B点，则$\angle AOB$就是要放样的已知水平角。注意：如$\Delta\beta$为正，则沿OB_1的垂直方向向外量取；反之内向量取。

当前，随着科学技术的日新月异，全站仪的智能化水平越来越高，能同时放样已知水平角和水平距离。若用全站仪放样，可自动显示需要修正的距离和移动方向，非常方便。

3. 测设已知高程

根据已知水准点，在地面上标定出某设计高程位置的工作，称为高程放样。

如图6-4所示，在某设计图上已确定建筑物的室内地坪高程为151.500m，附近有一水准点A，其高程为$H_A = 150.950$m。现在要把该建筑物的室内地坪高程放样到木桩B上，作为施工时控制高程的依据。其方法如下：

1）安置水准仪于A、B之间，在A点竖立水准尺，测得后视读数为$a = 1.867$m。

2）在B点处设置木桩，在B点地面上竖立水准尺，测得前视读数为$b = 1.524$m。

3）计算

视线高　　　　　$H_i = H_A + a = 150.950\text{m} + 1.867\text{m} = 152.817\text{m}$

放样点的高程位置　　$C = 151.500\text{m} - (152.817 - 1.524)\text{m} = 0.207\text{m}$

4）与水准尺0.207处对齐，在木桩上画一道红线，此线位置就是室内地坪的位置。

在深基坑内或在较高的楼层面上放样高程时，水准尺的长度不够，这时可在坑底或楼层面上先设置临时水准点，然后将地面高程点传递到临时水准点上，再放样所需高程。

如图6-5所示，欲根据地面水准点A放样坑内水准点B的高程，可在坑边架设吊杆，杆顶吊一根零点向下的钢尺，尺的下端挂上重锤，在地面和坑内各安置一台水准仪，则B点的标高为

$$H_B = H_A + a_1 - (b_1 - a_2) - b_2 \tag{6-3}$$

式中　a_1、b_1、a_2、b_2——标尺的读数。

然后，改变钢尺悬挂位置，再次观测，以便校核。

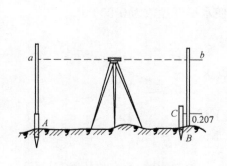

图6-4　已知高程测设

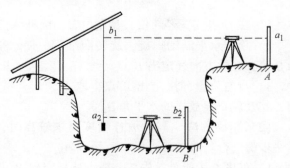

图6-5　深基坑水准点高程放样

6.1.3　点的平面位置放样

点的平面位置放样常用的方法有极坐标法、角度交会法、距离交会法和直角坐标法。放样时选用哪一种方法，应根据控制网的形式、现场情况、精度要求等因素综合考虑。

1. 直角坐标法

当在施工现场有互相垂直的主轴线或方格网时，可以用直角坐标法放样点的平面位置。

如图 6-6 所示，1、2、3 点为方格网点，A、B、C、D 为待测设的建筑物角点，各点坐标分别为 A（60，120），B（60，200），C（80，120），D（80，200）。2 点坐标为（40，100），在 2 点安置经纬仪，后视 3 点，得 2—3 方向线，沿此方向分别量距 20m 和 100m 得 P、M 两点，并做出标志。再在 P 点安置经纬仪，后视 2 或 3 点中的一个较远的点，正倒镜拨角 90°取其平均值，得 PC 方向线，沿此方向分别量距 20m 和 40m，得 A、C 两点，做出标志。同法在地面标志出 B、D 两点。最后，按设计

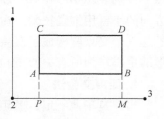

图 6-6　直角坐标法

距离及角度要求检测 A、B、C、D 四点。若不满足设计精度要求，则按前述方格网放样的方法进行调整，直至这四点满足设计要求，并加固标志点。直角坐标法只量距离和直角，数据直观、计算简单、工作方便，因此直角坐标法应用较广泛。

2. 极坐标法

极坐标法是根据水平角和距离来放样点的平面位置的一种方法。当已知点与放样点之间的距离较近，且便于量距时，常用极坐标法放样点的平面位置。

如图 6-7 所示，A、B 是已知平面控制点，其坐标：$x_A = 1000.000\text{m}$，$y_A = 1000.000\text{m}$，$\alpha_{AB} = 305°48'32''$，$P$ 为放样点，其设计坐标为 $x_P = 1033.640\text{m}$，$y_P = 1028.760\text{m}$。

用极坐标法放样，首先计算放样数据 D_{AP} 和 β（图中为 $\angle BAP$）。

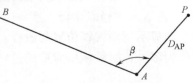

图 6-7　极坐标法

$$\begin{cases} \alpha_{AP} = \arctan \dfrac{y_P - y_A}{x_P - x_A} \\[2mm] \alpha_{AB} = \arctan \dfrac{y_B - y_A}{x_B - x_A} \\[2mm] \beta = \alpha_{AP} - \alpha_{AB} \\[2mm] D_{AP} = \sqrt{(x_P - x_A)^2 + (y_P - y_A)^2} \end{cases} \qquad (6\text{-}4)$$

详细计算过程请读者自行计算。

放样时，把经纬仪安置在 A 点，瞄准 B 点，按顺时针方向放样 $\angle BAP$，得到 AP 方向，沿此方向放样水平距离 D_{AP}，得到 P 点的平面位置。

3. 角度交会法

当放样地区受地形限制或量距困难时，常采用角度交会法放样点位。

如图 6-8 所示，根据控制点 A、B、C 和待放样点 P 的坐标计算 β_1、β_2、β_3、β_4 角值。

将经纬仪安置在控制点 A 上，后视点 B，根据已知水平角 β_1 盘左盘右取平均值放样出 AP 方向线，在 AP 方向线上的 P 点附近打两个小木桩，桩顶钉小钉，如图6-8中1、2 两点。同法，分别在 B、C 两点安置经纬仪，放样出 3、4 和 5、6 四个点，分别表示 BP 和 CP 的方向线。将各方向的小钉用细线拉紧，在地面上拉出三条线，得三个交点。由于有放样误差，由此而产生的这三个交点就构成了误差三角形。当此误差三角形的边长不超过 4cm 时，可取误差三角形的重心作为所求 P 点的位置。若误差三角形的边长超限，则应重新放样。

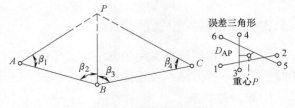

图6-8 角度交会法

4. 距离交会法

当建筑场地平坦，量距方便，且控制点离放样点不超过一整尺长度时，可用距离交会法。

首先，根据 P 点的设计坐标和控制点 A、B 的坐标，计算放样数据 D_{AP}、D_{BP}。放样时，用钢尺分别以控制点 A、B 为圆心，以 D_{AP}、D_{BP} 为半径，在地面上画弧，交出 P 点。距离交会法的优点是不需要测角仪器，但精度较低，在施工中放样细部点时常用此法。

5. 全站仪坐标放样法

全站仪坐标放样法的本质是极坐标法，它能适合各类地形情况，而且精度高，操作简便，在生产实践中已被广泛采用。

放样前，将全站仪置于放样模式，向全站仪输入测站点坐标、后视点坐标（或方位角），再输入放样点坐标。准备工作完成之后，用望远镜照准棱镜，按坐标放样功能键，则可立即显示当前棱镜位置与放样点位置的坐标差。根据坐标差值，移动棱镜位置，直至坐标差值为零，这时棱镜所对应的位置就是放样点位置，然后在地面做出标志。

课题 2 建筑场地上的控制测量

一般在工程勘测阶段已建立了测图控制网，但是由于它是为了测图而建立的，未考虑施工的要求，因此其控制点的分布、密度、精度都难以满足施工测量的要求。此外，平整场地时控制点大多受到破坏，因此在施工之前必须重新建立专门的施工控制网。

6.2.1 建筑基线

1. 建筑基线的布设

建筑基线是建筑场地的施工控制基准线，即在场地中央放样一条长轴线及若干条与其垂直的短轴线。它适用于建筑设计总平面图布置比较简单的小型建筑场地。

建筑基线的布设形式是根据建筑物的分布、场地地形等因素来确定的。其常见的形式有"一"字形、"L"形、"T"字形、"十"字形，如图6-9 所示。

设计建筑基线时应该注意以下几点：

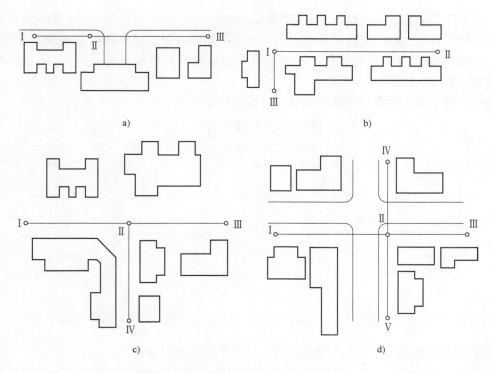

图 6-9 建筑基线布置形式

a）三点"一"字形　b）三点"L"字形

c）四点"T"字形　d）五点"十"字形

1）建筑基线应平行或垂直于主要建筑物的轴线。

2）建筑基线主点间应相互通视，边长为 100～400m。

3）主点在不受挖土损坏的情况下，应尽量靠近主要建筑物，且平行于主体建筑的主轴线。

4）建筑基线的测设精度应满足施工放样的要求。

5）基线点应不少于三个，以便检测建筑基线点有无变动。

2. 建筑基线的放样方法

根据建筑场地的条件不同，建筑基线的放样方法主要有以下两种：

1）根据建筑红线放样。建筑红线也就是建筑用地的界定基准线，由城市测绘部门测定，它可用作建筑基线放样的依据。如图 6-10 所示，AB、AC 是建筑红线，从 A 点沿 AB 方向测量 D_{AP} 定出 P 点，沿 AC 方向测量 D_{AQ} 定出 Q 点。通过 B 点做红线 AB 的垂线，并量取距离 D_{AQ} 得到 2 点，做出标志；通过 C 点作红线 AC 的垂线，并量取距离 D_{AP} 得到 3 点；用细线拉出直线 $P3$ 和 $Q2$，两直线相交于 1 点，做出标志。也可分别安置经纬仪于 P、Q 两点，交会出 1 点。则 1、2、3 点即为建筑基线点，并构成了"L"形建筑基线。将经纬仪安置在 1 点，检测其是否为直角，其不符值应不超过 ±20″。

2）利用测量控制点放样。即利用建筑基线的设计坐标和附近已有测量控制点的坐标，按照极坐标放样方法计算出放样数据（β 和 D），然后放样。值得注意的是建筑基线点的设计坐标是在施工坐标系中，而已有测量控制点的坐标是在测图坐标系中，它们往往不一致，因此在计算放样数据时，应将放样数据统一到同一坐标系中。设放样点 P 在施工坐标系 A、B 中的坐标为 $(A_P，B_P)$，在测图坐标系（或大地坐标系）中的坐标为 $(x_P，y_P)$。两坐标系的相对位置关系如图 6-11 所示。

若将 P 点的施工坐标转化为测图坐标，其换算公式为

$$\begin{cases} x_P = x_Q + A_P\cos\alpha - B_P\sin\alpha \\ y_P = y_Q + A_P\sin\alpha + B_P\cos\alpha \end{cases} \tag{6-5}$$

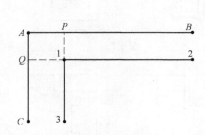 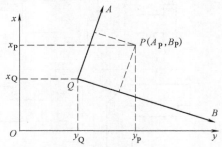

图 6-10　用建筑红线放样建筑基线　　　　　图 6-11　施工与测量坐标系的关系

若将 P 点的测图坐标转化为施工坐标，其换算公式为

$$\begin{cases} A_P = (x_P - x_Q)\cos\alpha + (y_P - y_Q)\sin\alpha \\ B_P = -(x_P - x_Q)\sin\alpha + (y_P - y_Q)\cos\alpha \end{cases} \tag{6-6}$$

式中　α——两坐标系之间的夹角。

现以"一"字形建筑基线为例，说明利用测量控制点放样建筑基线点的方法。如图 6-12 所示，A、B 为附近已有的测量控制点，1、2、3 为选定的建筑基线点。

① 利用已知坐标反算放样数据 β_1、β_2、β_3 和 D_1、D_2、D_3。

② 用经纬仪和钢尺按极坐标法放样 1、2、3 点。由于测量误差不可避免，放样的基线点往往不在同一直线上，且点与点之间的距离与设计值也不完全相符，因此需要精确测出已放样直线的折角 β' 和距离 D'（图 6-13 中 12、23 边的边长 a 和 b 之和），并与设计值相比较。

③ 若 $\Delta\beta = \beta' - 180°$ 超限，则应对 $1'$、$2'$、$3'$ 点在横向进行等量调整，如图 6-13 所示。调整量按下式计算

$$\delta = \frac{ab}{a+b}\frac{\Delta\beta}{2\rho} \tag{6-7}$$

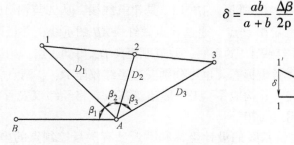 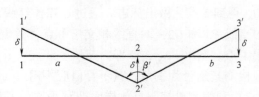

图 6-12　利用测量控制点放样建筑基线　　　　　图 6-13　建筑基线点的调整

例如 $a = 100\text{m}$，$b = 150\text{m}$，$\Delta\beta = -16''$，$\rho = 206265''$，则 $\delta = -0.0023\text{m}$，即 $1'$、$3'$点向下移动 0.0023m，$2'$点向上移动 0.0023m。

④ 若放样距离超限，如 $\dfrac{\Delta D}{D} = \dfrac{D' - D}{D} > \dfrac{1}{10000}$，则以 2 点为准，按设计长度在纵向调整 $1'$、$3'$点。

6.2.2　建筑方格网

1. 建筑方格网设计

建筑方格网通常是在图样设计阶段，由设计人员设计在总平面图上。有时也可根据总平面图中建筑物的分布情况、施工组织设计并结合场地地形，由施工测量人员设计。设计时，首先选定方格网的纵、横主轴线，它是方格网扩展的基础。因此，应遵循以下原则：主轴线应尽量选在整个场地的中部，方向与主要建筑物的基本轴线平行；纵横主轴线要严格正交成 90°；主轴线的长度以能控制整个建筑场地为宜；主轴线的定位点称为主点，一条主轴线不能少于三个主点，其中一个必定是纵、横主轴线的交点 O；主点间距离不宜过小，一般 $300 \sim 500\text{m}$，以保证主轴线的定向精度，主点应选在通视良好，便于施测的位置。图 6-14a 中 MON 和 COD 即为按上述原则布置的建筑方格网主轴线。

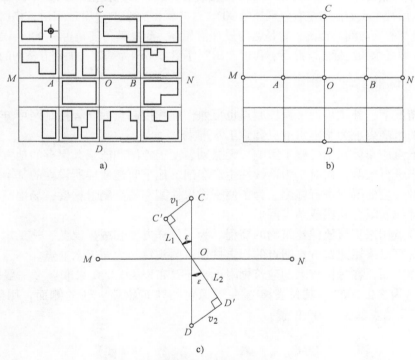

图 6-14　测设方格网

主轴线拟定以后，可进行方格网线的布置。方格网线要与相应的主轴线正交，网线交点应能通视；网格的大小视建筑物平面尺寸和分布而定，正方形格网边长多取 $100 \sim 200\text{m}$，矩形格网边长尽可能取 50m 或其倍数。

2. 建筑方格网的测设

（1）主轴线放样 如图6-14b所示，MN、CD为建筑方格网的主轴线，它是建筑方格网扩展的基础。先测设主轴线 MON，其方法与建筑基线测设方法相同，但∠MON 与180°之差，应在 ±10″之内。MON 三个主点测设好后，如图 6-14c 所示，将经纬仪安置在 O 点，瞄准 M 点，分别向左、向右转90°，测设另一主轴线 COD，同样用混凝土桩在地上定出其概略位置 C′和 D′。然后精确测出∠MOC′和 ∠MOD′，分别算出它们与90°之差 ε，并计算出调整值 v_1 和 v_2，公式为

$$v = L\frac{\varepsilon}{\rho} \tag{6-8}$$

式中 L——OC′或 OD′的长度。

将 C′沿垂直于 OC′方向移动 v_1 距离得 C 点；将 D′沿垂直于 OD′方向移动 v_2 距离得 D 点。点位改正后，应检查两主轴线的交角及主点间距离，均应在规定限差之内。

（2）方格网点的测设 主轴线测设好后，分别在主轴线端点安置经纬仪，均以 O 点为起始方向，分别向左、向右精密地测设出90°，这样就形成"田"字形方格网点。为了进行校核，还要在方格网点上安置经纬仪，测量其角是否为90°，并测量各相邻点间的距离，看其是否与设计边长相等，误差均应在允许范围之内。此后再以基本方格网点为基础，加密方格网中其余各点。

（3）方格网点放样 如图6-14b所示，主轴线放样后，分别在主轴线端点 A、B 和 C、D 上安置经纬仪，后视主点 O，向左右分别拨角90°。这样就可交会出"田"字形方格网点。随后再作检核，测量相邻两点间的距离，看是否与设计值相等，测量其角度是否为90°，误差均应在允许范围内，并埋设永久性标志。此后，再以"田"字形方格网为基础，加密方格网的其余各点。

6.2.3 施工场地高程控制测量

在一般情况下，施工场地平面控制点也可兼作高程控制点。高程控制网可分首级网和加密网，相应的水准点成为基本水准点和施工水准点。

基本水准点应布设在不受施工影响、无振动、便于施测和能永久保存的地方，按四等水准测量的要求进行施测。而对于为连续性生产车间、地下管道放样所设立的基本水准点，则需按三等水准测量的要求进行施测。为了便于成果检测和提高测量精度，场地高程控制网应布设成闭合环线、附合路线或结点网形。

施工水准点用来直接放样建筑物的高程。为了放样方便和减少误差，施工水准点应靠近建筑物，通常可以采用建筑方格网点的标志桩加设圆头钉作为施工水准点。

为了放样方便，在每栋较大的建筑物附近，还要布设 ±0.000 水准点（一般以底层建筑物的地坪标高为 ±0.000），其位置多选在较稳定的建筑物墙、柱的侧面，用红油漆绘成"▽"形，其顶端表示 ±0.000 位置。

课题3 民用建筑施工测量

6.3.1 概述

住宅楼、商店、学校、医院、食堂、办公楼、水塔等建筑物都属于民用建筑。民用建筑

分为单层、低层（2~3 层）、多层（4~8 层）和高层（9 层以上）。由于建筑物类型不同，其放样方法和精度也有所不同，但总的放样过程基本相同，即建筑物定位、放线、基础工程施工测量、墙体工程施工测量等。在建筑场地完成了施工控制测量等基本工作之后，就可以根据控制点给建筑物定位，然后把所有结构轴线放样出来，设置标志，作为施工的依据。建筑场地施工放样的主要过程如下：

1）准备资料，如总平面图、建筑物的设计与说明等。

2）熟悉资料，结合场地情况制定放样方案，并满足建筑物施工放样的技术要求（见表 6-1）的要求。

表 6-1 建筑物施工放样、轴线投测和标高传递的允许偏差

项　目	内　容		允许偏差/mm
基础桩位放样	单排桩或群桩中的边距		±10
	群桩		±20
各施工层上放线	外廓主轴线长度 L/m	$L \leq 30$	±5
		$30 < L \leq 60$	±10
		$60 < L \leq 90$	±15
		$90 < L$	±20
	细部轴线		±2
	承重墙、梁、柱边线		±3
	非承重墙边线		±3
	门窗洞口线		±3
轴线竖向投测	每层		3
	总高 H/m	$H \leq 30$	5
		$30 < H \leq 60$	10
		$60 < H \leq 90$	15
		$90 < H \leq 120$	20
		$120 < H \leq 150$	25
		$150 < H$	30
标高竖向传递	每层		±3
	总高 H/m	$H \leq 30$	±5
		$30 < H \leq 60$	±10
		$60 < H \leq 90$	±15
		$90 < H \leq 120$	±20
		$120 < H \leq 150$	±25
		$150 < H$	±30

3）现场放样、检测及调整等。

6.3.2 民用建筑施工放样

1. 施工前的准备工作

（1）熟悉设计资料及图样　设计资料及图样是施工放样的依据，在放样前应充分熟悉。根据建筑总平面图了解施工建筑物与地面控制点及相邻地物的关系，从而确定放样平面位置的方案，如图 6-15 所示。

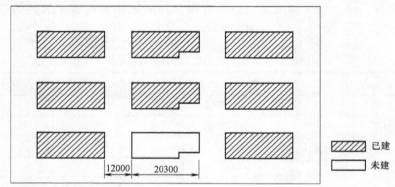

图 6-15　建筑总平面图

从建筑平面图中（包括底层平面及楼面，如图 6-16 所示）查取建筑物的总尺寸和内部各定位轴线之间的尺寸关系，它是放样的基本材料。

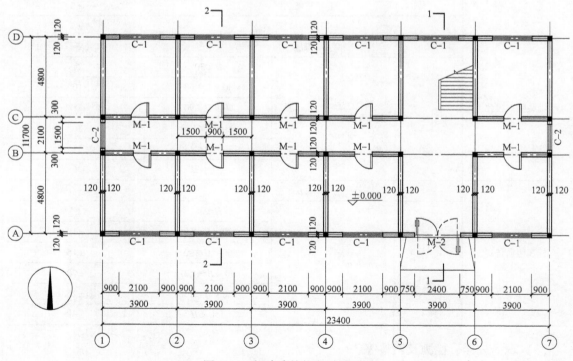

图 6-16　拟建建筑物底层平面图

基础平面图给出了建筑物的整个平面尺寸及细部结构与各定位轴线之间的关系，从而确定放样基础轴线的必要数据，如图 6-17 所示。

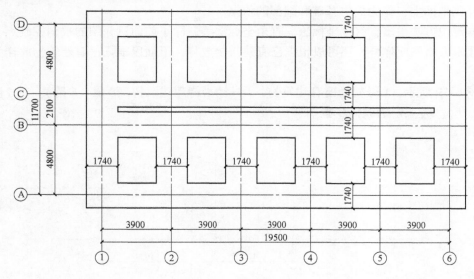

图 6-17　基础平面图

基础剖面图给出了基础剖面的尺寸（边线至中轴线的距离）及其设计标高（基础与设计地坪的高差），从而确定开挖边线和基坑底面的高程位置，如图 6-18 所示。此外，还有其他各种立面图、剖面图等，也是施工测量的重要依据。

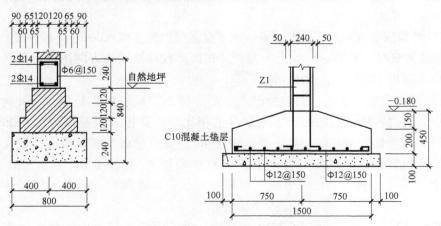

图 6-18　基础剖面图

（2）现场踏勘　目的是为了了解现场的地物、地貌和控制点的分布情况，并调查与施工有关的问题。

（3）拟定放样计划和绘制放样草图　放样计划包括放样数据和所用仪器、工具的准备。一般应根据放样的精度要求，选择相应等级的仪器和工具。在放样前，对所用仪器、工具要进行严格的检验和校正。

2. 建筑物的定位与放线

建筑物的定位就是把建筑物外廓各轴线交点（简称角桩，如图 6-19 中 A_1、E_1、E_6、A_6）放样到地面上，作为放样基础和细部的依据。

放样定位方法很多，有极坐标法、直角坐标法等，除了前面所介绍的根据控制点、建筑基线、建筑方格网放样外，还可以根据已有建筑物放样，下面以根据已有建筑物放样为例进行说明。

如图 6-19 所示，1 号楼为已有建筑物，2 号楼为待建建筑物（8 层、6 跨），2 号楼的定位点 A_1、E_1、E_6、A_6 的放样步骤如下：

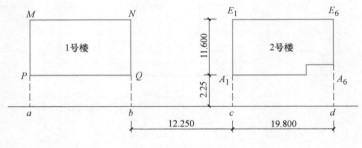

图 6-19　建筑物定位

1）用钢尺紧贴于 1 号楼外墙 MP、NQ 边各量出 2m（距离大小根据实地地形而定，一般 1～4m），得 a、b 两点，打木桩，桩顶钉上铁钉标志，以下类同。

2）把经纬仪安置于 a 点，瞄准 b 点，并从 b 点沿 ab 方向量出 12.250m，得 c 点，再继续量 19.800m，得 d 点。

3）将经纬仪安置在 c 点，瞄准 a 点，水平度盘读数置于 0°00′00″，顺时针转动照准部，当水平盘读数为 90°00′00″时，锁定此方向，并按距离放样法沿该方向用钢尺量出 2.25m 得 A_1 点，再继续量出 11.600m，得 E_1 点。

4）将经纬仪安置在 d 点，同法测出 A_6、E_6。则 A_1、E_1、E_6、A_6 四点为待建建筑物外墙轴线交点，检测各桩点间的距离，与设计值相比较，其相对误差不超过 1/2500，用经纬仪检测四个拐角是否为直角，其误差不超过 40″。建筑物放线就是根据已定位的外墙轴线交点桩放样建筑物其他轴线的交点桩（简称中心桩），如图 6-20 中 A_2、A_3、A_4、A_5、B_5、B_6 等各点为中心桩。其放样方法与角桩点相似，即以角桩为基础，用经纬仪和钢尺放样。

由于基槽开挖后，角桩和中心桩将被挖掉，为了便于在施工中恢复各轴线位置，应把各轴线延长到基槽外安全地方，并作好标志，其方法有设置轴线控制桩和龙门板两种形式。

龙门板法适用于一般砖石结构的小型民用建筑物。在建筑物四角与隔墙两端基槽开挖边界线以外约 2m 处打下大木桩，使各桩连线平行于墙基轴线，用水准仪将 ±0.000m 的高程位置放样到每个龙门桩上。然后以龙门桩为依据，用木板或直径约 5cm 的长铁管搭设龙门板（如图 6-21 所示），使板（管）的上边缘高程正好 ±0.000m，并把各轴线引测到龙门板

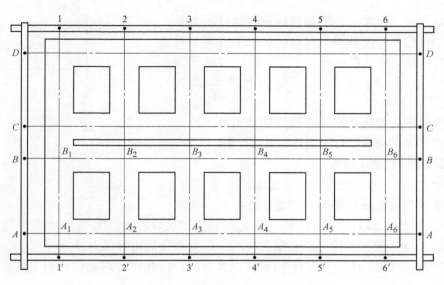

图 6-20　引测龙门板

上，作出标志。图6-20中 $A \sim D$、$1 \sim 6$ 各点为建筑物各轴线延长至龙门板上的标志点，也可用拉细线的方法将角桩、中心桩延长至龙门板上，具体方法是用锤球对准桩点，然后沿两锤球线拉紧细绳，把轴线标定在龙门板上。

　　轴线控制桩设置在基槽外基础轴线的延长线上，建立半永久性标志（多数为混凝土包裹木桩，如图 6-22 所示），作为开挖基槽后恢复轴线位置的依据。为了确保轴线控制桩的精度，通常是先直接放样轴线控制桩，然后根据轴线控制网放样角桩。如果附近有已建的建筑物，也可将轴线投测到建筑物的墙上。

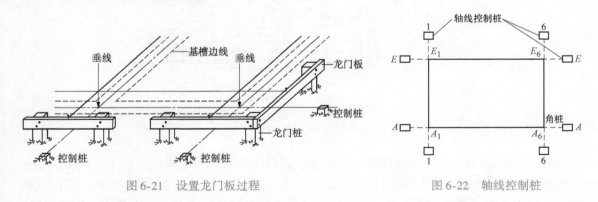

图 6-21　设置龙门板过程　　　　　　　图 6-22　轴线控制桩

　　角桩和中心桩被引测到安全地点之后，用细绳来标定开挖边界线，并沿此线撒下白灰线，施工时按此线进行开挖。

3. 建筑物基础施工测量

　　开挖边线标定后，就可以进行基槽开挖。如果超挖基底，不得用土回填，因此必须控制好基槽的开挖深度。如图 6-23 所示，在即将开挖的槽底设计标高时，用水准仪在基槽壁上设置一些水平桩，使水平桩表面离槽底设计标高为整分米数，用以控制开挖基槽的深度。各水平桩间距约3~5m，在转角处必须再加设一个，以此作为修平槽底和打垫层的依据。水平桩放样的允许误差为±10mm。

打好垫层后，先将基础轴线投影到垫层上，再按照基础设计宽度定出基础边线，并弹墨线标明。

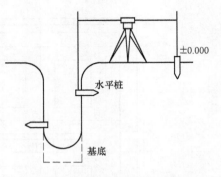

图 6-23 基槽深度控制桩

4. 建筑物墙体施工测量

在垫层之上，±0.000m以下的砖墙称为基础墙。基础的高度利用皮数杆来控制。基础皮数杆是一根木制的杆子，如图6-24a所示，在杆上预先按照设计尺寸将砖、灰缝厚度画出线条，标明±0.000m、防潮层等标高位置。立皮数杆时，把皮数杆固定在某一空间位置上，使皮数杆上的±0.000m位置与±0.000桩上标定的位置对齐，以此作为基础墙的施工依据。基础墙体顶面标高容许误差为±15mm。

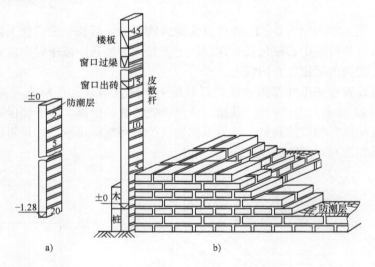

图 6-24 墙体施工测量

a）基础墙皮数杆 b）主墙体皮数杆

在±0.000m标高以上的墙体称为主墙体。主墙体的标高利用墙身皮数杆来控制。墙身皮数杆根据设计尺寸按砖、灰缝从底部往上依次标明±0.000m、门、墙、过梁、楼板、预留孔洞以及其他各种构件的位置。同一标准楼层各层皮数杆可以共用，不是同一标准楼层，则应根据具体情况分别制作皮数杆。砌墙时，可将皮数杆撑立在墙角处，使皮数杆杆端±0.000m刻度线对准基础端标定的±0.000m位置。

砌墙之后，还应根据室内地面和装修的需要，将±0.000m标高引测到室内，在墙上弹上墨线标明，同时还要在墙上定出+0.5m的标高线。

6.3.3　高层建筑施工放样

高层建筑的特点是层数多、高度大，尤其是在繁华区建筑群中施工时，场地十分狭窄，而且高空风力大，给施工放样带来较大困难。高层建筑在施工过程中，对建筑物各部位的水平位置、垂直度、标高等精度要求十分严格。高层建筑施工方法很多，目前较常用的有两种，一种是滑模施工，即分层滑升模板逐层现浇楼板的方法，另一种是预制构件装配式施工。国家建筑施工规范中对上述高层建筑的施工质量标准规定见表6-2。

高层建筑的施工测量主要包括基础定位及建网、轴线点投测和高层传递等工作。基础定位及建网的放样工作前已论述，不再重复。因此，高层建筑施工放样的主要问题是轴线投测时控制竖向传递轴线点的中误差（见表6-2）和层高误差，也就是各轴线如何精确地向上引测的问题。

表6-2　高层建筑结构施工质量标准

高层施工方法	竖向偏差值/mm		高程偏差限值/mm	
	总累计	各层	总累计	各层
滑模施工	5	$H/1000$（最大50）	10	50
装配式施工	5	20	5	50

（1）轴线点投测　低层建筑物轴线投测，通常采用吊锤法，即从楼边吊下 5 ~ 10kg 重的锤球，使之对准基础上所标定的轴线位置，垂线在楼边缘的位置即为楼层轴线端点位置，并画出标志线。这种方法简单易行，一般能保证工程质量。

高层建筑物轴线投测，一般采用经纬仪引桩投测或激光铅垂仪投测。本书主要介绍经纬仪引桩投测法，激光铅垂仪投测法将在后续章节介绍。

经纬仪引桩投测是先在离建筑物较远处（建筑物高度的 1.5 倍以上）建立轴线控制桩，如图 6-25 所示的 A、B 位置。然后在相互垂直的两条轴线控制桩上安置经纬仪，盘左照准轴线标志。固定照准部，仰倾望远镜，照准楼（层）板边标定一点。再用盘右同样操作一次，又可定出一点，如两点不重合，取其中点即为轴线端点，如 $C_{1中}$ 点、$C_中$ 点。两端点投测完之后，再弹墨线标明轴线位置。

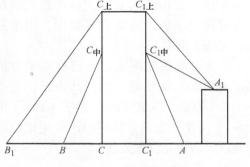

图 6-25　经纬仪引桩投测

当楼层逐渐增高时，望远镜的仰角越来越大，操作不方便，投测精度将随仰角增大而降低。此时，可将原轴线控制桩引测到附近的屋顶上，如 A_1 点，或更远的安全地方，如 B_1 点。再将经纬仪搬至 A_1 或 B_1 点，继续向上投测。

（2）高程传递　高程传递就是从底层 ±0.000m 标高点沿建筑物外墙、边柱或电梯间等用钢尺向上量取。一幢高层建筑物至少由三个低层标高点向上传递。由下层传递上来的同一层几个标高点，必须用水准仪进行检测，看是否在同一水平面上，其误差不得超过3mm。

对于装配式建筑物，底层墙板吊装前要在墙板两侧边线内铺设一些水泥砂浆，利用水准仪按设计高程抄平其面层。在墙板吊装就绪后，就检查各开间的墙间距，并利用吊锤球的方法检查墙板的垂直度，合格后再固定墙的位置，用水准仪在墙板上放样标高控制线，一般为整数值。然后进行墙抄平层施工，抄平层是由1∶2.5水泥砂浆或细石混凝土在墙上、柱顶面抹平。抄平层放样是利用靠尺，将尺下端对准墙板上弹出的标高控制线，其上端即为楼板底面标高，用水泥砂浆抹平凝结后即可吊装楼板。抄平层的高程误差不得超过5mm。

滑模施工的高程传递是先在底层墙面上放样出标高线，再沿墙面用钢尺向上垂直量取标高，并将标高放样在支撑杆上，在各支撑杆上每隔20cm标注一分划线，以便控制各支撑点提升的同步性。在模架提升过程中，为了确保操作平台水平，要求在每层提升间歇，用两台水准仪检查平台是否水平，并在各支撑杆上设置抄平标高线。

课题4　工业建筑施工测量

工业建筑以厂房为主体。一般工业厂房大多数采用预制构件在现场装配的方法施工。厂房的预制构件有柱子（也有现场浇筑的）、吊车梁、吊车轨道和屋架等。因此，工业建筑施工测量的工作主要是保证这些预制构件安装到位，其主要工作包括厂房矩形控制网放样、厂房柱列轴线放样、基础施工放样、厂房预制构件安装测量等。

6.4.1　厂房矩形控制网的建立

厂房与一般民用建筑相比，它的柱子多、轴线多，且施工精度要求高，因而对于每幢厂房应在建筑方格网的基础上，再建立满足厂房特殊要求的厂房矩形控制网，用来控制厂房施工精度。

厂房矩形控制网是依据已有建筑方格网按直角坐标法来建立的，其边长误差应小于1/10000，各角度误差小于±10″。如图6-26描述了建筑方格网、厂房矩形控制网和厂房的相互位置关系。

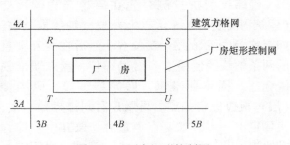

图6-26　厂房矩形控制网

6.4.2　厂房柱列轴线放样

厂房矩形控制网建立以后，再根据各柱列轴线间的距离在矩形边上用钢尺定出柱列轴线的位置（如图6-27所示），并作好标志。其放样方法：在矩形控制桩上安置经纬仪，如在R端点安置经纬仪，照准另一端点U，确定此方向线，根据设计距离，严格放样轴线控制桩。依次放样全部轴线控制桩，并逐桩检测。

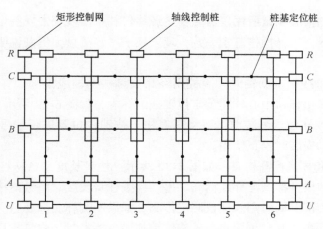

图 6-27　厂房柱列轴线放样

6.4.3　柱基放样

柱列轴线桩确定之后，在两条互相垂直的轴线上各安置一台经纬仪，沿轴线方向交会柱基的位置。然后在柱基基坑外的两条轴线上打入四个定位小桩（如图 6-28 所示），作为修坑和竖立模板的依据。

6.4.4　厂房预制构件安装测量

装配式单层工业厂房主要预制构件有柱子、吊车梁、屋架等。在安装这些构件时，必须使用测量仪器进行严格检测、校正，才能正确安装就位，即它们的位置和高程必须与设计要求相符。厂房预制构件安装测量容许误差见表 6-3。

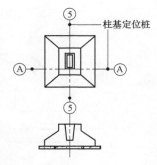

图 6-28　柱基基坑

表 6-3　厂房预制构件安装测量容许误差

项次	项　　目			容许误差/mm	检 验 方 法
1	杯形基础	中心线对轴线位置偏移		10	尺量检查
		杯底安装标高		+0，−10	用水准仪检查
2	柱	中心线对定位轴线位置偏移		5	尺量检查
		下上柱接口中心线位置偏移		3	尺量检查
		垂直度	≤5m	5	用经纬仪或吊线和尺量检查
			>5m，<10m	10	
			≥10m 多节柱	1/1000 柱高，且不大于 20	
		牛腿上表面和柱顶标高	≤5m	+0，−5	用水准仪或尺量检查
			>5m	+0，−8	
3	梁或吊车梁	中心线对定位轴线位置偏移		5	尺量检查
		梁上表面标高		+0，−5	用水准仪或尺量检查

厂房预制构件的安装测量所用仪器主要是经纬仪和水准仪等常规测量仪器，所采用的安装测量方法大同小异，仪器操作基本一致，现以柱子吊装测量为例来说明预制构件的安装测量方法。

（1）投测柱列轴线 根据轴线控制桩用经纬仪将柱列轴线投测到杯形基础顶面作为定位轴线，并在顶面弹出杯口中心线作为定位轴线的标志，如图6-29所示。

（2）柱身弹线 在柱子吊装前，应将每根柱子按轴线位置进行编号，在柱身的三个面上弹出柱中心线，供安装时校正使用。

（3）柱身长度和杯底标高检查 如图6-30所示，柱身长度是指从柱子底面到牛腿面的距离，它等于牛腿的设计标高与杯底标高之差。检查柱身长度时应量出柱身4条边棱线的长度，以最长的一条为准，同时用水准仪测定标高。如果所测杯底标高与所量柱身长度之和不等于牛腿面的设计标高，则必须用水泥砂浆修填杯底。抄平时，应将靠柱身较短棱线一角填高，以保证牛腿面的标高满足设计要求。

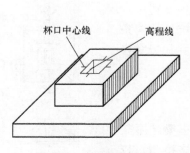

图6-29 投测柱列轴线

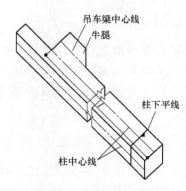

图6-30 柱身长度和杯底标高

（4）柱子吊装时垂直度的校正 柱子吊入杯底时，应使柱脚中心与定位轴线对齐，误差不超过5cm。然后，在杯口处柱脚两边塞入木楔，使之临时固定，再在两条互相垂直的柱列轴线附近，离柱子约为柱高1.5倍的地方各安置一部经纬仪，如图6-31所示，照准柱脚中心线后，固定照准部，仰倾望远镜，照准柱子中心线顶部。如重合，则柱子在这个方向上就是竖直的。如不重合，应用牵绳或千斤顶进行调整，使柱中心线与十字丝竖丝重合为止。当柱子两个侧面都竖直时，应立即灌浆以固定柱子的位置。

（5）吊车梁的吊装测量 吊车梁的吊装测量主要是保证吊装后的吊车梁中心线位置和梁面标高满足设计要求。吊装前先弹出吊车梁的顶面中心线和吊车梁两端中心线，并将吊车梁中心线投到牛腿面上（如图6-32a所示）。其步骤如下：

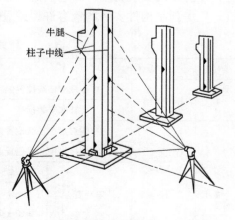

图6-31 柱垂直度校正

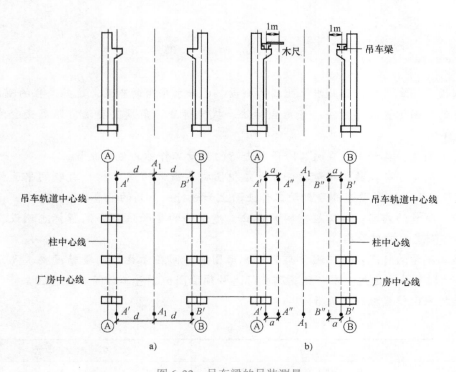

图 6-32　吊车梁的吊装测量

a）吊车梁、吊车轨道中心线关系　b）吊车轨道安装测量示意

1）利用厂房中心线 A_1A_1，根据设计吊车轨道间距在地面上放样出吊车轨道中心线 $A'A'$ 和 $B'B'$。然后分别置经纬仪于吊车轨道中心线的一个端点 A' 上，瞄准另一个端点 A'，仰倾望远镜，即可将吊车轨道中心线投测到每根柱子的牛腿面上，并弹出墨线。

2）吊装前，要检查预制柱、梁的施工尺寸以及牛腿面到柱底的高度，看是否与设计要求相符，如不相符且相差不大时，可根据实际情况及时作出调整，确保吊车梁安装到位。

3）吊装时使牛腿面上的中心线对齐，将吊车梁安装在牛腿上。吊装完后，还需检查吊车梁的高程，可将水准仪安置在地面上，在柱子侧面放样 50cm 的标高线，再用钢尺从该线沿柱子侧面向上量出梁面的高度，检查梁面标高是否正确，然后在梁下用钢板调整梁面高程。

（6）吊车轨道安装测量　安装吊车轨道前，一般须先用平行线法对梁上的中心线进行检测，如图 6-32b 所示。首先在地面上从吊车轨道中心线向厂房中心线方向量出长度 a（1m），得平行线 $A''A''$ 和 $B''B''$。然后安置经纬仪于平行线一端点 A'' 上，瞄准另一端点，固定照准部，仰倾望远镜进行投测，此时另一人在梁上移动横放的木尺，当视线正对准尺上一米刻划线时，尺的零点应与梁面上的中心线重合。如不重合应予以改正，可用撬杠移动吊车梁中心线到 $A''A''$（和 $B''B''$）的间距等于 1m 为止。

吊车轨道按中心线安装就位后，可将水准仪安置在吊车梁上，水准尺直接放在轨道顶上进行检测，每隔 3m 测一点高程，并与设计高程相比较，误差应在 3mm 以内。还需要用钢尺检查两吊车轨道间的跨距，并与设计跨距相比较，误差应在 5mm 以内。

单元小结

1. 测设的基本工作：已知水平距离的测设、已知水平角的测设、已知高程的测设。

2. 点的平面位置放样方法：直角坐标法、极坐标法、角度交会法、距离交会法、全站仪坐标放样法。

3. 施工测量：各种工程在施工阶段所进行的测量工作称为施工测量。

4. 施工测量任务：施工测量的任务就是把图样上设计的建（构）筑物的平面位置和高程，按照设计和施工的要求测设到施工作业面上和进行一系列的检查指导工作。

5. 施工测量的内容：施工控制网的建立、建筑物的平面位置和高程标志测设、竣工图的编绘和沉降变形观测等内容。

6. 施工测量的特点：施工测量与测绘地形图的不同在于施工测量精度要求高，而且复杂，进度计划与施工进度要求一致，测量标志必须稳固，测量工作随时注意安全等。

7. 点的平面位置放样见表6-4。

表　6-4

方　法	适用条件	需要测设的数据
直角坐标法	施工场地上有主轴线或方格网	Δx，Δy
极坐标法	施工场地上有测量控制点	β、D 或 α_{AB}、α_{AP}、D_{AP}
距离交会法	精度要求不高、不便安仪器、距离不大	D_1、D_2
角度交会法	不便于测设距离	β_1、β_2、β_3
延长直线定点法	测设点位于已知直线延长线上	$\beta=180°$
确定直线上的点	所定点位于两点之间的直线上	$\beta=180°$

8. 平面控制网可根据建筑总平面图、建筑场地的大小和地形、施工方案等因素布设成导线网、建筑基线、建筑方格网等形式。

9. 建筑基线是根据建筑物的分布、场地地形等因素，布设成一条或几条轴线，以此作为施工控制测量的基准线。

10. 建筑基线测设的依据：①根据建筑红线测设；②根据建筑控制点测设。

11. 建筑方格网的测设一般分两步走，先进行主轴线的测设，然后是方格网的测设。测设时须控制测角和测距的精度。

12. 水准网应布设成闭合水准路线、附合水准路线或结点网形，测量精度不宜低于三等水准测量的精度，测设前应对已知高程控制点进行认真检核。

13. 工业建筑施工测量：厂房控制网的建立、柱列轴线和柱基的测设、厂房构件的安装测量（如柱子安装测量、吊车梁的安装测量、吊车轨道安装测量）。

14. 民用建筑施工测量的内容、方法及步骤见表6-5。

表 6-5

序号	施工测量的内容	施工测量的方法及步骤
1	施工测量的准备工作	1. 熟悉图样：阅读设计图样，理解设计意图，对有关尺寸应仔细核对 2. 现场踏勘：了解地形，掌握测量控制点情况，并对测设的已知数据进行检核 3. 制定测设方案：按照建筑设计与测量规范要求，拟定测设方案，绘制施工放样略图
2	建筑物的定位与放线	1. 建筑物的定位方法：根据与原有建筑物的关系定位；根据建筑方格网定位；根据控制点的坐标定位 2. 建筑物的放线：测设建筑物定位轴线交点桩；测设轴线控制桩（或设置龙门板）
3	建筑物基础施工放线	1. 基槽开挖边线放线与基坑抄平：根据基槽宽度和上口放坡尺寸，放出基槽开挖边线，并用白灰撒出基槽边线，供施工时开挖用；当基槽开挖深度接近槽底时，用水准仪根据已测设的 ±0.000 标志或龙门板顶面标高测设高于槽底设计高程 0.3～0.5m 的水平桩高程，以作为挖槽深度、修平槽底和打基础垫层的依据。若基坑过深，用一般方法不能直接测定坑底标高时，可用悬挂的钢尺来代替水准尺把地面高程传递到深坑内 2. 基础施工放线：基础施工包括垫层和基础墙施工。垫层打好后应进行垫层中线的测设和垫层标高的测设；基础墙施工时，首先将墙中心线投在垫层上，用水准仪检测各墙角垫层面标高后，即可开始基础墙（±0.000 以下的墙）的砌筑，基础墙的高度用基础皮数杆来控制
4	墙体施工测量	1. 墙体轴线的投测：在基础墙砌筑到防潮层以后，利用轴线控制桩或龙门板上的轴线和墙边线标志，用经纬仪等进行墙体轴线的投测 2. 墙体标高的控制：墙体砌筑时，墙体标高常用墙身皮数杆来控制
5	高层建筑施工测量	1. 轴线投测：本单元介绍了经纬仪投测法。经纬仪投测法是将经纬仪安置在远离建筑物的轴线控制桩上，照准建筑物底部所设的轴线标志，向上投测到每层楼面上，即得投测在每层上的轴线点。随着经纬仪向上投测的仰角增大，投点误差也随着增大，投点精度降低，且观测操作不方便。为此，必须将主轴线控制桩引测到远处的稳固地点或附近大楼的屋面上，以减小仰角。测设前应对经纬仪进行严格检校。为避免日照、风力等不良影响，宜在阴天、无风时进行投测 2. 高程传递：利用皮数杆传递高程；利用钢尺直接丈量；采用悬吊钢尺法传递高程

 复习思考题

6-1 施工测量包括哪些主要内容？其基本任务是什么？

6-2 施工测量有哪些特点？

6-3 施工平面控制网的布网形式有哪些？各适合于什么场合？

6-4 建筑基线有哪些布设形式？

6-5 如何控制墙身的竖直位置和砌筑高度？

6-6 为什么要建立专门的厂房控制网？厂房控制网如何建立？

6-7 柱子吊装测量有哪些主要工作内容？

6-8 某轴线 $A'O'B'$ 三个主点初步放样后，在中间点 O' 检测得水平角 $180°00'48''$。已知 $A'O' = 300m$，$O'B' = 350m$，试计算调整数据并绘图说明调整方法。

6-9　设欲放样 A、B 两点的水平距离 $D = 80\text{m}$，使用的钢尺的名义长度为 30m，实际长度为 29.965m，钢尺检定时的温度为 20℃，A、B 两点的高差为 $H = -0.369\text{m}$，实测温度 32.5℃。试计算：放样时在地面上应量出的长度为多少？

6-10　利用高程为 128.560m 的水准点，放样高程为 128.800m 的室内 ±0.000m 标高。设水准尺立在水准点上时，按水准仪的水平视线读数位置在尺上画了一条线，试问：在该尺的什么地方再划一条线，才能使视线对准此线时，尺子底部就在 ±0.000m 高程的位置。

6-11　简述房屋基础放线和抄平测量的工作方法及步骤。龙门板有什么作用？

6-12　图 6-33 中已给出新建建筑物与原建筑物的相对位置关系（墙厚 37cm，中线偏里），试述放样新建建筑物的方法及步骤。

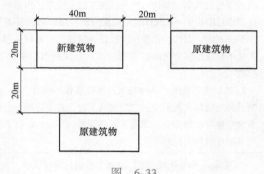

图　6-33

单元7
建筑物变形观测和竣工总平面图编绘

单元概述

　　本单元主要讲述房屋建筑沉降观测方法，以及建筑物的倾斜、裂缝和水平位移观测，同时讲述竣工测量的内容和竣工总平面图编绘的基本要求。

知识目标

1. 了解竣工测量的内容和竣工总平面图编绘内容。
2. 掌握建筑物变形观测的内容和施测方法。

课题1　建筑物变形观测

　　建筑物变形观测的内容，主要有沉降观测、倾斜观测、裂缝观测和水平位移观测等。

7.1.1　建筑物沉降观测

　　建筑物的沉降观测，是用水准测量方法定期测量建筑物上沉降观测点与基准点的高差随时间的变化量，即沉降量，以了解建筑物的下沉或上升情况。

1. 基准点和沉降观测点的设置

　　建筑物的沉降观测，是根据基准点进行的，因此要求基准点的位置在整个变形观测期间稳定不变。为保证基准点高程的正确性和便于相互检核，布设基准点数目应不少于三个，并构成基准网。埋设地点应保证有足够的稳定性，设置在受压、受振范围以外。图7-1为基准点埋设示意图，在冰冻地区其埋设深度要低于冰冻线 0.5m。为了观测方便及提高观测精度，基准点距观测点不要太远，一般应在 100m 范围以内。基准点在开工前埋设并精确测出高程。

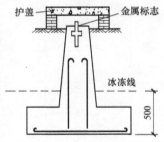

图7-1　基准点埋设示意图

　　沉降观测点是固定在拟测建筑物上的测量标志，应牢固地与建筑物结合在一起，便于观测，并尽量保证在整个沉降观测期间不受损坏。观测点的数量和位置，应能全面反映建筑物的沉降情况，因此应尽量布置在沉降变化可能显著的地方，如伸缩缝两侧、地质条件或基础深度改变处、建筑物荷载变化部位、平面形状改变处、建筑物四角或沿外墙每 10～15m 处、具有代表性的支柱和基础上等。

如图 7-2 所示，沉降观测点埋设时可将角钢预埋在墙内；如是钢结构，则可将角钢焊在钢柱上。在建筑物平面部位的观测点，还可用直径大于 20mm 的铆钉用 1：2 砂浆浇筑在建筑物上作为观测点。

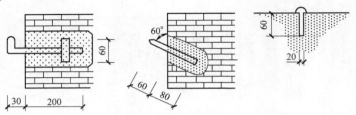

图 7-2　沉降观测点的埋设

2. 观测时间、方法和精度要求

当基准点和观测点已埋设稳固，建筑物基础施工或基础垫层浇灌后，即进行第一次观测，并将此次观测成果作为以后沉降变形的衡量依据。施工期间，每增加较大荷载，如高层建筑每增加 1~2 层时应观测一次；若地面荷载突然增加或周围大量开挖土方等，均应随时进行沉降观测；当发现变形有异常时，应进行跟踪观测。竣工后的观测周期，可视建筑物稳定情况而定。

在沉降观测过程中，应对基准点进行定期观测，以检查其稳定性。

沉降观测点的精度要求和观测方法，根据工程需要，可按表 7-1 选定。每次施测前应对仪器进行检验。施测时，尽量做到三固定：固定观测人员、固定观测仪器、固定测站和转点，即观测路线相同，以减少系统误差的影响，提高观测精度。

表 7-1　沉降观测点的精度要求和观测方法

等级	点高程中误差/mm	相邻点高差中误差/mm	适 用 范 围	使用仪器和观测方法	闭合差/mm
一等	±0.3	±0.1	变形特别敏感的高层建筑物、高耸构筑物、重要古建筑、精密工程设施	S_{05} 水准仪，按国家一等水准测量技术要求施测，视线≤15m	≤$0.15\sqrt{n}$
二等	±0.5	±0.3	变形比较敏感的高层建筑物、高耸构筑物、古建筑、重要工程设施	S_{05} 水准仪，按国家一等水准测量技术要求施测	≤$0.30\sqrt{n}$
三等	±1.0	±0.5	一般性高层建筑、工业建筑、高耸建筑、滑坡监测	S_{05} 或 S_1 水准仪，按国家二等水准测量技术要求施测	≤$0.60\sqrt{n}$
四等	±2.0	±1.0	观测精度要求不高的建筑物、滑坡监测	S_1 或 S_3 水准仪，按国家三等水准测量或视线三角高程测量技术施测	≤$1.4\sqrt{n}$

注：表中 n 为测站数。

沉降观测除了采用水准测量的方法之外，还可以采用液体静力水准测量和立体摄影测量等方法。

3. 沉降观测的成果整理

沉降观测应在每次观测时详细记录建筑物的荷载情况、施工进度、气象情况及观测日期，在现场及时检查记录中的数据和计算是否准确，精度是否合格。根据水准点的高程和改正后的高差计算出观测点的高程。用各观测点本次观测所得高程减上次观测得的高程，其差值即为该观测点本次沉降量 S；每次沉降量相加得累计沉降量 $\sum S$。沉降观测记录表示例见表 7-2。

表 7-2　沉降观测记录表

观测次数	观测时间	各观测点的沉降情况						3…	施工进展情况	荷载情况/ (t/m²)
		1			2			…		
		高程/m	本次下沉/mm	累计下沉/mm	高程/m	本次下沉/mm	累计下沉/mm			
1	1995.01.01	150.454	0	0	150.473	0	0	…	一层平口	45
2	1995.02.15	150.448	−6	−6	150.467	−6	−6		三层平口	65
3	1995.03.10	150.443	−5	−11	150.462	−5	−11		五层平口	75
4	1995.04.22	150.440	−3	−14	150.459	−3	−14		七层平口	85
5	1995.05.18	150.438	−2	−16	150.456	−3	−17		九层平口	120
6	1995.06.10	150.434	−4	−20	150.452	−4	−21		主体完	
7	1995.09.02	150.429	−5	−25	150.447	−5	−26		竣工	
8	1995.11.12	150.425	−4	−29	150.445	−2	−28		使用	
9	1996.03.21	150.423	−2	−31	150.444	−1	−29			
10	1996.05.16	140.422	−1	−32	150.443	−1	−30			
11	1996.08.15	140.421	−1	−33	150.443	0	−30			
12	1996.12.28	140.421	0	−33	150.443	0	−30			

注：水准点的高程：BM1—149.538m；BM2—150.132m；BM3—149.776m。

沉降观测结束，应提供下列有关资料：

1）沉降观测点位置图。

2）沉降观测成果汇总表。"平均沉降量"可由所有沉降点的沉降量计算所得，即

$$S_{平} = \frac{\sum\limits_{i=1}^{n} S_i}{n} \tag{7-1}$$

式中　n——建筑物上沉降观测点的个数。

"平均沉降速度"可按下式计算

$$V_{平} = \frac{S_{平}}{\text{相邻两次观测的间隔天数}} \tag{7-2}$$

平均沉降速度是发现及分析异常沉降变形的重要指标。

3）荷载、时间、沉降量关系曲线图。如图7-3所示，图中横坐标表示时间 T（月）。图中上半部分为时间与荷载关系曲线，其纵坐标表示建筑物荷载 p；下半部分为累计沉降量随时间变化的关系曲线，其纵坐标表示累计沉降量 S。根据各观测点的沉降量与时间关系便可绘出全部观测点的沉降曲线。利用曲线图，可直观地看出沉降变形随时间发展的情况，也可以看出沉降变形与其他因素之间的内在联系。

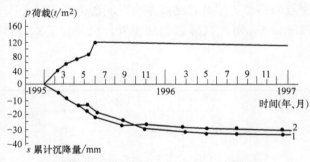

图 7-3　荷载、时间、沉降量关系曲线图

值得指出的是，由于一般建筑对均匀沉降不敏感，只要沉降均匀，即便沉降量稍大一些，建筑物的结构也不会有多大破坏。但不均匀沉降却会使墙面开裂甚至构件断裂危及建筑物的安全。所以，在沉降测量过程中，当出现不均匀沉降、沉降量异常或变形突增等情况时，需立即引起注意，提交变形异常分析报告，及时采取应变措施。

除提供以上有关资料外，若工程需要，还需提交沉降等值线图（表示沉降在空间分布的情况）和沉降曲线展开图（图中可看出各观测点及建筑物的沉降大小、影响范围）。

7.1.2　建筑物倾斜观测

不均匀沉降会导致建筑物、构筑物发生倾斜。构筑物越高，倾斜就越明显，其影响就越大，因此对高耸的建筑物、构筑物应进行倾斜变形观测。

1. 一般建筑物的倾斜观测

建筑物的倾斜观测应在与其待观测部位相垂直的两面墙上进行，通常采用经纬仪投影法。如图7-4所示，在离建筑物墙面大于1.5倍墙高的地方选定固定观测点 A，安置经纬仪，然后瞄准屋顶一固定观测点 M，用正、倒镜取中点的方法定下面的观测点 m_1；同法，在与其相垂直的另一墙面方向上，距墙面大于或等于1.5倍墙高的固定观测点 B 处，安置经纬仪，瞄准上观测点 N，定下观测点 n_1。每过一段时间，分别在原固定观测点 A、B 处安置经纬仪，观测 M、N 点，用正、倒镜取中点法，定下观测点 m_2、n_2。若 m_1 与 m_2、n_1 与 n_2 不重合，则说明建筑物发生了倾斜，用钢尺量得两方向上的偏移量 Δm、Δn，然后用矢量相加法可求得建筑物的总偏移量，即

$$\Delta D = \sqrt{(\Delta m)^2 + (\Delta n)^2} \tag{7-3}$$

建筑物的倾斜度计算为

$$i = \tan\alpha = \Delta D / H \tag{7-4}$$

式中　H——建筑物高度；

　　　α——建筑物的倾斜角。

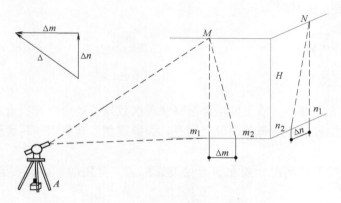

图 7-4　一般建筑物倾斜观测

2. 圆形构筑物的倾斜观测

对圆形构筑物的倾斜观测，如烟囱、水塔，应在互相垂直的两个方向分别测出顶部中心对底部中心的偏移量，然后用矢量相加的方法，计算出总的偏差值及倾斜方向。

以烟囱为例，如图 7-5 所示，在圆形构筑物的纵、横轴线上，距构筑物大于或等于 1.5 倍构筑物高度的地方，分别建立固定观测点，在纵轴线观测点上安置经纬仪，在构筑物底部地面垂直视线方向设置一龙门架。然后分别照准烟囱底部边缘两点，向龙门架横木上投点，得 1、2 两点，量得其中点 B。再照准烟囱顶部边缘两点，向横木上投点，得 3、4 两点，量出其中点 B'，量得 B、B' 两点间的距离 b，即为构筑物在横轴线方向上的中心垂直偏差。同样方法，在横轴线观测点上安置经纬仪，可测出纵轴线方向上的中心垂直偏差值 a。

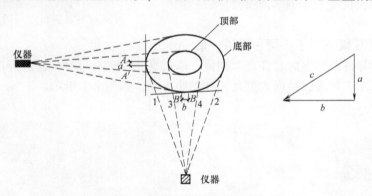

图 7-5　圆形建筑物倾斜观测

由矢量相加的方法可求得顶部中心对底部中心的总偏心距，即

$$c = \sqrt{a^2 + b^2} \tag{7-5}$$

构筑物的倾斜度与建筑物的倾斜度计算相同，为

$$i = c/H \tag{7-6}$$

式中　H ——构筑物高度。

倾斜观测工作结束后，应提交下列成果：

1）倾斜观测点位布置图。

2）观测成果表、成果图。

3）倾斜曲线图。

4）观测成果分析资料。

7.1.3 建筑物裂缝观测

当发现建筑物有裂缝时，除了要增加沉降观测次数外，还应立即检查建筑物裂缝的分布情况，对裂缝进行编号，并对每条裂缝定期进行裂缝观测。观测周期视裂缝大小、性质、开裂速度而定。

为了观测裂缝的发展情况，要在裂缝处设置标志。常用的标志有石膏板标志和白铁片标志。

（1）石膏板标志 石膏板厚10mm，宽约50～80mm，长度根据裂缝宽度而定。当裂缝继续发展时，石膏板也随之开裂，这可直接反映出裂缝的发展情况。

（2）白铁片标志 用两块白铁片，一片为150mm×150mm的正方形，固定在裂缝一侧，使其一边与裂缝边缘对齐；另一片为50mm×200mm的长方形，固定在裂缝的另一侧，并使其中一部分与正方形白铁片相叠，如图7-6所示。然后在两块白铁片表面涂上红漆，如裂缝继续发展，两块白铁片将逐渐拉开，露出正方形白铁片上原来被覆盖没有涂红漆的部分，用尺子量出其宽度，即为裂缝加大的宽度。将裂缝加大的宽度，连同观测时间一并记入观测记录中。

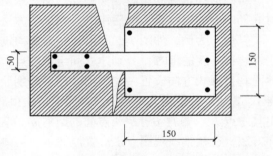

图7-6 建筑物裂缝观测（利用白铁片标志）

（3）裂缝观测仪 用于桥梁、隧道、墙体、地面、金属等材料表面的裂缝宽度测量。通过观测仪探头可对裂缝进行自动判读、手动判读、电子标尺人工判读三种模式测量，并拍照存储，如图7-7所示。

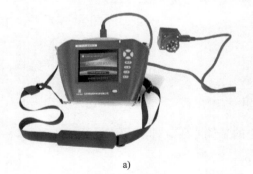

a)

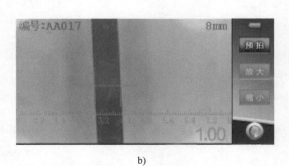

b)

图7-7 建筑物裂缝观测（利用裂缝观测仪）

a）裂缝观测仪 b）裂缝观测拍照

观测工作结束后，应提交下列成果：

1）裂缝分布位置图。

2）裂缝观测成果表。

3）观测成果分析说明资料。

7.1.4 建筑物的水平位移观测

水平位移观测的目的是为了确定建筑物平面位移的大小及方向。方法是首先在其纵横方向上设置观测点及控制点，如已知其位移的方向，则只在此方向上进行观测即可。观测点与控制点最好位于同一直线上，控制点至少埋设三个，控制点之间的距离宜大于 30m，以保证测量的精度。如图 7-8 所示，A、B、C 为控制点，M 为观测点。控制点必须是埋设牢固、稳定的标桩，为了防止其变化，每次观测前应进行检查。建筑物上的观测点标志要牢固、明显。

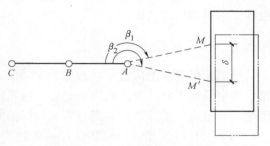

图 7-8　水平位移观测示意图

位移观测可采用正、倒镜投点的方法，也可采用测角的方法求出位移值。设第一次在 A 点所测角度为 β_1，第二次测得角度为 β_2，两次观测角度的差数 $\Delta\beta = \beta_2 - \beta_1$，则建筑物的水平位移值为

$$\delta = D \frac{\Delta\beta}{\rho} \tag{7-7}$$

式中　D——A 点到 M 点距离。

观测工作结束后，应提交下列成果：

1）水平位移观测点布置图。

2）观测成果表。

3）水平位移曲线图。

4）观测成果分析资料等。

课题 2　竣工测量和竣工总平面图的编绘

7.2.1 竣工测量的内容

在每个单项工程完成后，必须由施工单位进行竣工测量，提出工程的竣工测量成果，作为编绘竣工总平面图的依据。竣工测量的内容如下：

（1）工业厂房及民用建筑物　包括房角坐标、各种管线进出口的位置和高程，并附房屋编号、结构层数、面积和竣工时间等资料。

（2）铁道和公路　包括起止点、转折点、交叉点的坐标，曲线元素，桥涵、路面、人行道、绿化带界线等构筑物的位置和高程。

（3）地下管网　窨井转折点的坐标，井盖、井底、沟槽和管顶等高程，并附注管道及窨井的编号、名称、管径、管材材质、间距、坡度和流向。

（4）架空管网　包括转折点、节点、交叉点的坐标，支架间距、基础面高程等。

（5）特种构筑物　包括沉淀池、烟囱、煤气罐等及其附属建筑物的外形和四角坐标，圆形构筑物的中心坐标、基础面标高，烟囱高度和沉淀池深度等。

竣工测量完成后，应提交完整的资料，包括工程的名称、施工依据、施工结果等作为编绘竣工总平面图的依据。

7.2.2　竣工总平面图的编绘

竣工总平面图上应包括建筑方格网点、水准点、建（构）筑物辅助设施、生活福利设施、架空及地下管线等的高程和坐标，以及相关区域内空地位置的地形。图中有关建（构）筑物的符号应与设计图例相同，有关地形图的图例应使用国家地形图图式符号。

如果所有的建（构）筑物绘在一张竣工总平面图上，因线条过于密集而不醒目时，则可采用分类编图的方法，如综合竣工总平面图、交通运输竣工总平面图和管线竣工总平面图等。比例尺一般采用1:1000。如不能清楚地表示某些特别密集的地区，也可局部采用1:500的比例尺。当施工的单位较多、工程多次转手而造成竣工测量资料不全、图面不完整或与现场情况不符时，需要实地进行施测，这样绘出的平面图称为实测竣工总平面图。

单　元　小　结

1. 建筑物变形主要是指建筑物的沉降、倾斜、裂缝和平移。

2. 变形观测的目的是通过对建筑物变形观测的数据来研究变形的原因和规律，为建筑物的设计、施工、管理和科学研究提供可靠的资料。

3. 变形观测的任务是周期性地对设置在建筑物上的观测点进行重复观测，求得观测点位置的变化量。

4. 变形观测是根据观测的目的和要求进行，其精度取决于该建筑物预计的允许变形值的大小。

5. 变形观测的内容主要有沉降观测、倾斜观测、裂缝观测和位移观测等。

6. 沉降观测是根据建筑物附近的水准点并通过精密水准测量测量出建筑物上观测点的高程。精度要求应依据观测目的和要求，做到水准点稳固且不少于3个，距观测点距离近，观测精度严格按《工程测量规范》（GB 50026—2007）要求进行；观测点应牢固、适量与实用；观测实施时，应注意观测的时间和次数、观测人员的组织、仪器的使用和要求及观测路线选定等。

7. 裂缝观测应根据裂缝的发展情况在裂缝处设置观测标志，系统地进行裂缝变化的观测，并画出裂缝的分布图，量出每一裂缝的长度、宽度和深度。

8. 位移观测是根据平面控制点测定建筑物在平面上随时间而移动的大小及方向。其测定方法可按需要的精度要求，采用水平角测定法等进行。

9. 竣工测量是指建筑工程在竣工验收时所进行的测量工作。竣工总平面图是设计总平面图在施工后对实际情况的全面反映。竣工总平面图的编绘是通过竣工测量及利用已有资料编绘而成的。

复习思考题

7-1　高层建筑垂直度控制有哪几种方法？各在什么情况下使用？

7-2　建筑物的变形观测有哪几项工作？

7-3　为什么要对建筑物进行变形观测？主要观测哪些项目？

7-4　水准基点、沉降观测点应如何布置？

7-5　简述建筑物沉降观测的观测方法与精度要求。

7-6　简述建筑物倾斜观测的方法。

7-7　沉降观测工作结束后，应提交哪些资料？

7-8　竣工测量包含哪些内容？

7-9　测得某烟囱顶部中心坐标为 $x_0' = 1284.638\text{m}$，$y_0' = 2850.576\text{m}$，测得烟囱底部中心坐标为 $x_0 = 1284.414\text{m}$，$y_0 = 2850.456\text{m}$，已知烟囱高40m，求它的倾斜度与倾斜方向。

单元8
道路和管线施工测量

单元概述

本单元着重介绍圆曲线测设、中线恢复测量、纵横断面测量以及管线施工测量。

知识目标

1. 了解管线施工测量基础知识。
2. 掌握圆曲线测设、中线恢复测量、纵横断面测量等内容。

课题1 圆曲线的测设

圆曲线是道路工程、管道工程以及水利工程中常用的一种曲线。当线路方向转折时，常用圆曲线进行连接。圆曲线放样，应先进行圆曲线要素的计算，再放样出圆曲线的主点，最后放样圆曲线的加密点。

1. 圆曲线要素及其计算

如图 8-1 所示，线路在转折点 JD 处（也称交点）改变方向，转折角为 α（偏角），现设置一半径为 R 的圆曲线。圆曲线主点包括圆曲线起点 ZY（也称直圆点）、圆曲线中点 QZ 和圆曲线终点 YZ（也称圆直点）。线路选定后，转折角为已知角，曲线半径 R 是设计选定的，也是已知数，现在要计算切线长 T、曲线长 L、外矢距 E。若 T、L、E 已知，则圆曲线主点即可确定。为便于较核计算，还需要计算切曲差 q（也称超距）。因此，T、L、E、q 就是圆曲线的要素。其计算公式如下

$$\begin{cases} T = R\tan\dfrac{\alpha}{2} \\[2mm] L = \dfrac{\alpha\pi R}{180} \\[2mm] E = R\left(\sec\dfrac{\alpha}{2} - 1\right) \\[2mm] q = 2T - L \end{cases} \qquad (8\text{-}1)$$

圆曲线的主点桩号

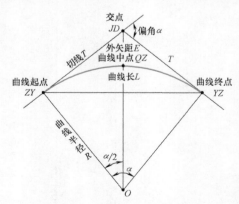

图 8-1 圆曲线要素

$$\begin{cases} ZY \text{ 点的桩号} = JD \text{ 点的桩号} - T \\ QZ \text{ 点的桩号} = ZY \text{ 点的桩号} + \dfrac{L}{2} \\ YZ \text{ 点的桩号} = QZ \text{ 点的桩号} + \dfrac{L}{2} \\ \text{检核：} JD \text{ 桩号} = QZ \text{ 点的桩号} + \dfrac{q}{2} \end{cases} \tag{8-2}$$

2. 圆曲线主点的放样

1）在 JD 点安置经纬仪，以线路方向（即切线方向）定向，自 JD 沿两线路方向分别量出切线长 T，即得线路起点 ZY 或终点 YZ。

2）后视 YZ 点，顺时针拨角 $(180° - \alpha)/2$，得分角线方向，沿此方向自 JD 点量出外矢距 E，得圆曲线终点 QZ。

3. 圆曲线详细放样

在施工时，还需要放样出曲线上除主点之外的若干点，称为圆曲线的详细放样。常用的方法有直角坐标法（亦称切线支距法）和偏角法等。

（1）直角坐标法　直角坐标法又叫切线支距法，是以曲线起点 ZY 或终点 YZ 为坐标原点，以切线为 x 轴，切线的垂线为 y 轴，如图 8-2 所示，根据坐标 x_i、y_i 放样曲线上各细部点。设各细部点之间的弧长为 S，所对应的圆心角为 φ，则

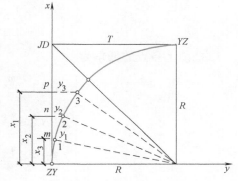

图 8-2　直角坐标法圆曲线测设

$$\begin{cases} x_i = R\sin\ (i\varphi) \\ y_i = R\ [\,1 - \cos\ (i\varphi)\,] \\ \varphi = \dfrac{S}{R}\dfrac{180°}{\pi} \end{cases} \tag{8-3}$$

已知 R，又给定出 S 值后，即可求出待放样的细部点坐标。S 值一般为 10m（即每隔 10m 放样一个细部点）、20m、30m 等整数值。放样前可按式(8-3)计算，将算得的结果列表备用。放样的基本步骤如下：

1）首先，检核先前放样的三个主点 ZY、QZ、YZ 的点位有无错误。

2）用钢尺沿切线 ZY-JD 方向放样 x_1、x_2、x_3 等，并在地面上标定出垂足点 m、n、p 等。

3）在垂足点 m、n、p 等处用经纬仪、直角尺法作切线的垂线，分别在各自的垂线上放样 y_1、y_2、y_3 等，以桩定点 1、2、3 等。

为了避免支线过长，影响放样精度，可用同法，从 YZ-JD 切线方向上放样圆曲线的另一半弧上的细部点。

（2）偏角法　偏角法是利用偏角（弦切角）和弦长交会的方式来放样圆曲线。

如图 8-3 所示，为了描述问题方便，将圆曲线的主点用单字母表示，即起点为 Y，终点为 Z，转点为 J。为了把曲线上各放样点里程凑成整数（这样对施工很方便），曲线长度分为首尾两段零头弧长 S_1、S_2 和 n 段相等的弧长 S 之和，即

$$L = S_1 + nS + S_2 \tag{8-4}$$

S_1、S_2 所对的圆心角为 φ_1、φ_2；S 所对的圆心角为 φ。放样数据按下式计算

$$\begin{cases} \varphi_1 = \dfrac{S_1}{R} \dfrac{180°}{\pi} \\[2mm] \varphi_2 = \dfrac{S_2}{R} \dfrac{180°}{\pi} \\[2mm] \varphi = \dfrac{S}{R} \dfrac{180°}{\pi} \end{cases} \tag{8-5}$$

相应于弧长 S_1、S_2、S 的弦长计算公式如下

$$\begin{cases} d_1 = 2R\sin\dfrac{\varphi_1}{2} \\[2mm] d_2 = 2R\sin\dfrac{\varphi_2}{2} \\[2mm] d = 2R\sin\dfrac{\varphi}{2} \end{cases} \tag{8-6}$$

圆曲线上各点的偏角为

$$\begin{cases} \angle PB\,1 = \dfrac{\varphi_1}{2} \\[2mm] \angle PB\,2 = \dfrac{\varphi_1}{2} + \dfrac{\varphi}{2} \\[2mm] \angle PB\,3 = \dfrac{\varphi_1}{2} + \dfrac{\varphi}{2} + \dfrac{\varphi}{2} = \dfrac{\varphi_1}{2} + \varphi \\[2mm] \angle PB\,4 = \dfrac{\varphi_1}{2} + \dfrac{\varphi}{2} + \dfrac{\varphi}{2} + \dfrac{\varphi}{2} = \dfrac{\varphi_1}{2} + \dfrac{3}{2}\varphi \\[2mm] \vdots \\[2mm] \angle PBZ = \dfrac{\varphi_1}{2} + \dfrac{\varphi}{2} + \cdots + \dfrac{\varphi_2}{2} = \dfrac{\alpha}{2} \end{cases} \tag{8-7}$$

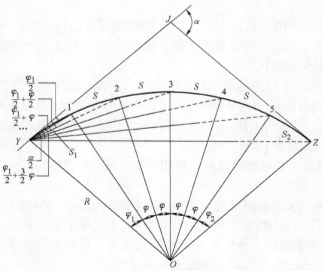

图 8-3 偏角法圆曲线测设

放样时，将仪器安置于圆曲线起点 ZY 上，后视 JD 点，并将水平度盘置于零，拨角 $\angle PB1$，在此方向上量取 d_1，得 1 点；然后，再拨角 $\angle PB2$，钢尺零点对准 1 点，以 d 为半径，摆动钢尺到经纬仪方向线上，得 2 点；再拨角 $\angle PB3$，钢尺零点对准 2 点，以 d 为半径，摆动钢尺到经纬仪方向线上，得 3 点；依此类推，放样其余各点。当拨角至 $\angle PBZ$ 时，视线应当通过圆曲线的终点 YZ 点，且 YZ 点至圆曲线上最后一个细部点的距离应为 d_2，以此来检查放样的质量。

对于长曲线，圆曲线的放样可分为两部分来完成。首先，将仪器安置于圆曲线起点 ZY 上，后视 JD 点并将水平度盘置于零，放样出从 YZ 到 QZ 点这一部分的细部点；然后，将仪器安置于圆曲线终点 YZ，后视 JD 点并将水平度盘置于零，放样出从 YZ 到 QZ 的细部点。若两次放样的 QZ 点相差不超过 10cm，取两次结果的平均值作为最后结果；若两次放样的 QZ 点相差大于 10cm，则重新放样。

圆曲线测设方法很多，具体选用何种方法，应根据实际工程要求和条件选择。现以某铁路圆曲线放样为例，介绍用偏角法测设圆曲线的过程。

【例8-1】 某铁路圆曲线交点 $JD = \text{K8} + 522.31\text{m}$，以半径 $R = 1200\text{m}$，偏角 $\alpha = 10°49'$ 测设圆曲线，整桩间距 $L_0 = 20\text{m}$，采用全站仪放样。

解：（1）圆曲线主点放样

1）主点参数计算。

切线长　$T = R\tan\dfrac{\alpha}{2} = 113.61\text{m}$

曲线长　$L = R\alpha\dfrac{\pi}{180°} = 226.54\text{m}$

外矢距　$E = R\left(\sec\dfrac{\alpha}{2} - 1\right) = 5.37\text{m}$

切曲差　$D = 2T - L = 0.68\text{m}$

2）点里程计算。

$ZY_{里程} = JD_{里程} - T = \text{K8} + 408.70\text{m}$

$YZ_{里程} = ZY_{里程} + L = \text{K8} + 635.24\text{m}$

$QZ_{里程} = YZ_{里程} - \dfrac{L}{2} = \text{K8} + 521.97\text{m}$

$JD_{里程} = QZ_{里程} + \dfrac{D}{2} = \text{K8} + 522.31\text{m}$

3）主点测设。将全站仪置于 JD 上，望远镜照准部后视相邻交点或转点，沿此方向线量取切线长 T，得曲线起点 ZY，插上一测钎。丈量 ZY 点至最近一个直线桩距离，如两桩号之差等于这段距离或相差在容许范围内，即可用方桩在测钎处打下 ZY 桩；否则应查明原因，进行处理，以保证点位的正确性。用望远镜照准前进方向的交点或转点，按上述方法，定出 YZ 桩，并进行检核。

（2）圆曲线细部放样

1）细部放样参数计算。

①距起点第一个里程：

弧长 $\qquad S_1 = (K8+420.00m) - (K8+408.70m) = 11.30m$

所对圆心角 $\qquad \varphi_1 = \dfrac{S_1}{R}\dfrac{180°}{\pi} = 0°32'22''$

偏角 $\qquad \theta_1 = \dfrac{\varphi_1}{2} = 0°16'11''$

弦长 $\qquad d_1 = 2R\sin\dfrac{\varphi_1}{2} = 11.29m$

② 距起点第 i 个里程：

弧长 $\qquad S_i = 桩号里程 - 弧的起点里程$

偏角 $\qquad \theta_i = \left(\dfrac{S_i}{R}\dfrac{180°}{\pi}\right) \div 2$

弦长 $\qquad d = 2R\sin\dfrac{\varphi_i}{2}$

2）细部点放样。

① 将全站仪安置在起点 ZY 上，后视 JD 点，使度盘读数为 $0°00'00''$。

② 转动照准部，正拨（顺时针方向）使度盘读数为 θ_1，沿此方向从 ZY 点量弦长 d_1，定出曲线上第一个整桩 1。

③ 转动照准部，使度盘读数为 θ_2，量出弦长 d_2，依此类推，直到测设出各整桩点。

将细部点放样参数汇总成表，详见表 8-1。

表 8-1　圆曲线主点参数和详细测设参数计算表

已知参数	偏角 10°49′		$JD_{里程}$ = K8 + 522.31m		设计半径 R = 1200m		整桩间距 L_0 = 20m	
特征参数	切线 T = 113.61m		外矢距 E = 5.37m		弧长 L = 226.54m		切曲差 D = 0.68m	
主点里程	$ZY_{里程}$ = K8 + 408.70m		$QZ_{里程}$ = K8 + 521.97m		$YZ_{里程}$ = K8 + 635.24m		$JD_{里程}$ = K8 + 522.31m（检核）	
详细设计参数			切线支距法 原点：ZY x 轴：$ZY - JD$		偏角法 测站：ZY 起始方向：$ZY - JD$			
点名	桩号里程/m	累计弧长/m	x/m	y/m	θ/° ′ ″			d/m
ZY	K8 + 408.70	0	0	0				
1	K8 + 420.00	11.30	11.30	0.05	0	16	11	11.29
2	K8 + 440.00	31.30	31.30	0.41	0	44	49	31.29
3	K8 + 460.00	51.30	51.28	1.10	1	13	28	51.29
4	K8 + 480.00	71.30	71.26	2.18	1	42	07	71.28
5	K8 + 500.00	91.30	91.21	3.47	2	10	46	91.27
6	K8 + 520.00	111.30	111.14	5.16	2	39	25	111.25
QZ	K8 + 521.97	113.27	113.10	5.34	2	42	15	113.22
7	K8 + 540.00	131.30	131.04	7.18	3	08	04	131.23
8	K8 + 560.00	151.30	150.90	9.53	3	36	43	151.19
9	K8 + 580.00	171.30	170.72	12.21	4	05	22	171.15
10	K8 + 600.00	191.30	190.49	15.22	4	34	00	191.02
11	K8 + 620.00	211.30	210.21	18.56	5	02	39	211.02
YZ	K8 + 635.24	226.54	225.20	21.32	5	24	30	226.20

课题 2   中线恢复测量

路线经过勘测设计之后，往往要经过一段时间才能施工，在这段时间内可能有一部分交点桩和中桩遗失。因此，路线施工测量的任务之一就是要把遗失的交点桩、转点桩和中桩恢复起来，以便于施工；假如从勘测设计到施工这段时间内，沿路线方向的地形发生了变化，则在施工前还需进行路线水准测量和横断面测量，把所测得的纵断面图和横断面图与勘测设计时测得的加以比较，如相差较大，可将路线设计的施工标高加以改正，以便按照改正后的施工标高施工，并重新计算土石方工程数量。因此，在路线施工测量中，首要的任务是恢复路线中线，才能做纵、横断面测量，最后再进行路基边桩和边坡的放样。

在恢复中线时，一般均将附属物（涵洞、检查井、挡土墙等）的位置一并定出。对于部分改线地段，则应重新定线，并测绘相应的纵横断面图。

线路工程的中心线由直线和曲线构成。中线测量就是通过线路的测设将线路工程中心线标定在实地上。中线测量主要包括测设中心线起点、终点、各交点（JD）和转点（ZD），量距和钉桩，测量线路各偏角（α），测设圆曲线等。图8-4为线路工程中线的形式。

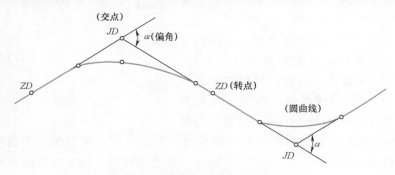

图 8-4   线路工程中线的形式

8.2.1   施工前的测量工作

（1）熟悉图样和现场情况   施工前，要认真研究图样，了解设计意图及工程进度安排。到现场找到各交点桩、转点桩、里程桩及水准点位置。

（2）校核中线并测设施工控制桩   在施工时由于中线上各桩要被挖掉，为便于恢复中线和其他附属构筑物的位置，应在不受施工干扰、引测方便和易于保存桩位处设置施工控制桩。施工控制桩分中线控制桩和附属构筑物的位置控制桩两种。图8-5为管道的施工控制桩。

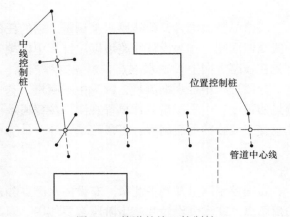

图 8-5   管道的施工控制桩

（3）加密控制点 为便于施工过程中引测高程，应根据原有水准点，在沿线附近每隔150m增设一个临时水准点。

8.2.2 中桩测设

为了测定线路的长度以及进行线路中线测量和测绘纵横断面图，从线路起点开始，需沿线路方向在地面上设置整桩和加桩，这项工作称为中桩测设。从起点开始，按规定每隔某一整数距离设一桩，此为整桩。根据不同的线路，整桩之间的距离也不同，一般为20m、30m、50m等（曲线上根据不同半径R，每隔20m、10m或5m）。在相邻整桩之间线路穿越的重要地物处（如铁路、公路、旧有管道等）及地面坡度变化处要增设加桩。因此，加桩又分为地形加桩、地物加桩、曲线加桩和关系加桩等。

为了便于计算，线路中均按起点到该桩的里程进行编号，并用红油漆写在木桩侧面，如整桩号为0＋100，即此桩距起点100m（"＋"号前的数为公里数）。整桩和加桩统称为里程桩，如图8-6a、b、c所示。

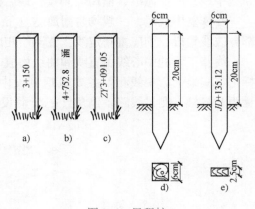

为避免测设中桩错误，量距一般用钢尺丈量两次，精度为1/1000。

在钉桩时，对于交点桩、转点桩、距线路起点每隔500m处的整桩、重要地物加桩（如桥、隧道位置桩），以及曲线主点桩，都要打下方桩（如图8-6d所示），装顶露出地面约20cm，在其旁边钉一指示桩（如图8-6e所示），指示桩为板桩。交点桩的指示桩应钉在曲线圆心和交点连线外距交点20m的位置，字面朝向交点。曲线主点的指示桩字面朝向圆心。其余的里程桩一般使用板桩，一半露出地面，以便书写桩号，字面一律背向线路前进方向。

图8-6 里程桩

课题3 线路纵横断面图测绘

线路纵断面测量又称线路水准测量。它的任务是测定中线上各里程桩的地面高程，绘制中线纵断面图，作为设计线路坡度、计算中桩填挖尺寸的依据。线路水准测量分两步进行：首先在线路方向上设置水准点，建立高程控制，称为基平测量；其次是根据各水准点的高程，分段进行中桩水准测量，称为中平测量。基平测量的精度要比中平高，一般按四等水准测量的精度；中平测量只作单程观测，按普通水准测量精度。横断面测量是测定各中心桩两侧垂直于线路的地面高程，可供路基设计、计算土石方量及施工放边桩之用。

8.3.1 基平测量

高程控制测量即基平测量。布设的水准点分永久水准点和临时水准点两种，是高程测量的控制点，在勘测设计和施工阶段都要使用。因此，水准点应选在地基稳固、易于联测以及施工时不易被破坏的地方。水准点要埋设标石，也可设在永久性建筑物上，或将金属标志嵌在基岩上。

基平测量时，首先应将起始水准点与国家高程基准进行联测，以获得绝对高程。在沿线途中，也应尽量与附近国家水准点进行联测，以便获得更多的检核条件。若线路附近没有国家水准点，也可以采用假定高程基准。

8.3.2   纵断面测量

1. 线路纵断面测量

线路纵断面测量也称中平测量，是从一个水准点出发，逐个测定中线桩的地面高程，附合到下一个水准点上，相邻水准点间构成一条水准路线。

测量时，在每一测站上首先读取后、前两转点（TP）的标尺读数，再读取两转点间所有中线桩的地面点（间视点）的标尺读数，间视点的立尺由后司尺员来完成。

由于转点起传递高程的作用，因此转点标尺应立在尺垫、稳固的桩顶或坚石上，尺上读数至毫米，视距一般不应超过150m。间视点标尺读数至厘米，要求尺子立在紧靠桩的地面上。

如图8-7所示，水准仪置于测站①，后视水准点BM.1，前视转点TP.1将观测结果分别记入表8-2中"后视"和"前视"栏内；然后观测中间的各个中线桩，即后司尺员将标尺依次立于0+000，0+050，…，0+120等各中线桩处的地面上，将读数分别记入表8-2中"间视"栏内；如果利用中线桩作转点，应将标尺立在桩顶上，并记录桩高。

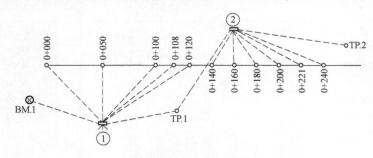

图8-7   线路中平测量

仪器搬至测站②，后视转点TP.1，前视转点TP.2，然后观测各中线桩地面点。用同法继续向前观测，直至附合到水准点BM.2，完成附合路线的观测工作。

每一测站的各项计算依次按下列公式进行：

视线高程 = 后视点高程 + 后视读数，即

$$H_i = H_后 + a_后 \tag{8-8}$$

转点高程 = 视线高程 – 前视读数，即

$$H_转 = H_i - b_前 \tag{8-9}$$

中线桩处的地面高程 = 视线高程 – 间视读数，即

$$H_间 = H_i - b_间 \tag{8-10}$$

记录员应边记录边计算，直至下一个水准点为止。计算高差闭合差 f_h，若 $f_h \leq f_{h允}$（$f_{h允} = \pm 50 \sqrt{L}\,\text{mm}$），则符合要求，可以不进行闭合差的调整，以表中计算的各点高程作为绘制纵断面图的数据。

表 8-2　线路纵断面水准点（中平）测量记录

测　站	点　名	水准标尺读数			视线高程 H_i	高程 $H_间$	备　注
		后视 $a_后$	间视 $b_间$	前视 $b_前$			
1	BM. 1	2. 191			14. 505	12. 314	
	0 +000		1. 62			12. 89	已知点
	0 +050		1. 90			12. 61	
	0 +100		0. 62			13. 89	
	0 +108		1. 03			13. 48	
	0 +120		0. 91			13. 60	ZY. 1
	TP. 1			1. 006		13. 499	
2	TP. 1	2. 162			15. 661	13. 499	
	0 +140		0. 50			15. 16	
	0 +160		0. 52			15. 14	
	0 +180		0. 82			14. 84	
	0 +200		1. 20			14. 46	QZ. 1
	0 +221		1. 01			14. 65	
	0 +240		1. 06			14. 60	
	TP. 2			1. 521		14. 140	
3	TP. 2	1. 421			15. 561	14. 140	
	0 +260		1. 48			14. 08	
	0 +280		1. 55			14. 01	
	0 +300		1. 56			14. 00	
	0 +320		1. 57			13. 99	YZ. 1
	0 +335		1. 77			13. 79	
	0 +350		1. 97			13. 59	
	TP. 3			1. 388		14. 173	
4	TP. 3	1. 724	1. 58		15. 897	14. 173	
	0 +384		1. 53			14. 32	
	0 +391		1. 57			14. 37	JD. 2
	0 +400					14. 33	(14. 618)
	BM. 2			1. 281		14. 616	

2. 纵断面图的绘制及施工量计算

纵断面图既表示中线方向的地面起伏，又可在其上进行纵坡设计，是线路设计和施工的重要资料。纵断面图是在以中线桩的里程为横坐标、以其高程为纵坐标的直角坐标系中绘制的。里程（水平）比例尺和高程（垂直）比例尺根据工程要求进行选取。

为了明显地表示地面起伏，一般取高程比例尺较里程比例尺大 10 倍或 20 倍。高程按比例尺注记，但要参考其他中线桩的地面高程确定原点高程（如图中 0 + 000 桩号的地面高程）在图上的位置，使绘出的地面线处在图上适当位置。纵断面图一般自左至右绘制在透明毫米方格纸的背面，这样可以防止用橡皮修改时把方格擦掉。

（1）纵断面图的内容　纵断面图包括两部分，上半部绘制断面线，进行有关注记；下半部填写资料数据表。

如图 8-8 所示，在图的上半部，从左至右绘有两条贯穿全图的线，一条细实线表示中线方向的地面线，另一条粗实线表示路线纵向坡度的设计线。除了断面线外，还要注记有关路线的资料，如水准点位置、编号与高程；桥涵里程、长度、结构与孔径；同其他路线交叉的位置与说明；竖曲线里程、形状及其曲线要素；施工时的填挖高度等。有时还要注明土壤地质和钻孔资料。

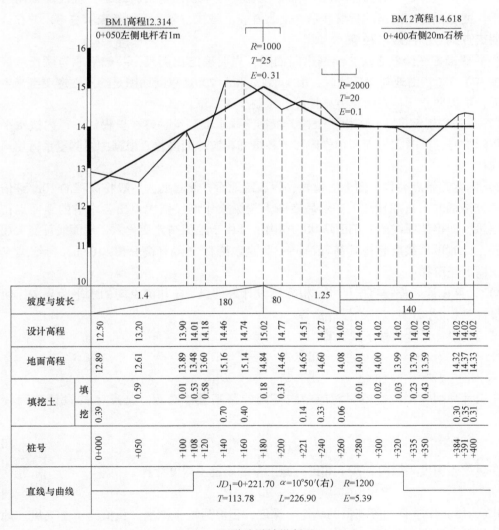

图 8-8　道路设计纵断面

在图的下半部为6格横栏数据表，填写的内容包括以下几部分：

1）坡度与坡长。从左至右向上斜者为上坡（正坡），向下斜者为下坡（负坡），水平线表示平坡；线上注记坡度的百分数（铁路断面图为千分数），线下注记坡长。

2）设计高程。按中线设计纵坡计算的路基高程。

3）地面高程。按中平测量成果填写的各里程桩的地面高程。

4）填挖土。等于设计高程-地面高程，正值时为填；负值时为挖。

5）桩号。按中线测量成果，根据水平比例尺标注的里程桩号。为使纵断面图清晰，一般只标注百米桩和公里桩，为了减少书写，百米桩的里程只写1～9，公里桩则用符号◗表示，并注明公里数。

6）直线与曲线。为路线中线的平面示意图，按中线测量资料绘制。直线部分用居中直线表示，曲线部分用凸出的折线表示，上凸者表示路线右弯，下凸者表示左弯，并在凸出部分注明交点编号和曲线半径等。

（2）纵断面图绘制方法　绘制纵断面图，先要确定比例尺，一般平原与微丘地区，取1:5000和1:500，山地与深丘地区，取1:2000和1:200。纵断面图是绘制在透明毫米方格纸的反面，可以防止用橡皮时把方格擦掉。绘制步骤如下：

1）首先按规定尺寸绘制横栏表格，根据路线水准测量手簿在里程桩一栏内按水平比例写上百米桩号，同时在地面高程栏内写上各桩的相应地面高程。根据中线测量手簿填写直线与曲线栏。

2）确定起始点高程在图上的位置，为点绘地面方便起见，一般将高程的10m整倍数置于毫米方格纸的5cm粗横线上。然后在图上按纵横比例尺依次点出各中桩的地面点，用细实线连接，即得地面线的纵剖面形状。在山区，由于地面高差变化大，地面线可能要超出图纸以外，此时可从某点起将其高程沿同一竖直线降低（或升高）5～10cm，再继续点绘下去，使图形呈阶梯形。

3）计算设计高程和填挖尺寸。根据已设计好的纵坡 i 和两点间的水平距离 D，便可从起点设计高程 H_A 计算以后的设计高程。

某段的设计坡度值按下式计算

$$i_{设计} = 100 \times \frac{H_{终设} - H_{起设}}{D_{终起}} \tag{8-11}$$

在设计高程一栏内，填写相应中线桩处的路基设计高程。某点 A 的设计高程按下式计算

$$H_{设计} = H_{起点} + i_{设计} D_{起-A} \tag{8-12}$$

在填挖土深度一栏内，按下式进行施工量的填挖土深度计算

$$h = H_{地面} - H_{设计} \tag{8-13}$$

式(8-13)中求得的施工量的填挖土深度，正值为挖土深度，负值为填土高度。地面线与设计线相交的点为不填不挖处，称为"零点"。零点也给以桩号，可由图上直接量得，以供施工放样时使用。

8.3.3　横断面测量

线路横断面测量的主要任务是在各中线桩处测定垂直于中线方向的地面起伏状态，然后绘成横断面图，它是横断面设计、土石方等工程量计算和施工时确定断面填挖边界的依据。横断面测量的宽度，根据实际工程要求和地形情况确定。

1. 测设横断面方向

直线段上的横断面方向是与线路中线相垂直的方向，曲线段上的横断面方向是与曲线的切线相垂直的方向（如图8-9所示）。

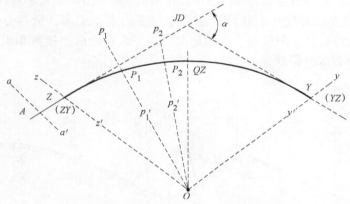

图 8-9　线路横断面方向测设图

在直线段上，如图8-10所示，将杆头有十字形木条的方向架立于欲测设横断面方向的 *A* 点上，用架上的 1-1′方向线照准交点 *JD* 或直线段上某一转点 *ZD*，则 2-2′即为 *A* 点的横断面方向，用花杆标定。为了测设曲线上里程桩处的横断面方向，在方向架上加一根可转动的定向杆 3-3′，如图8-11 所示。

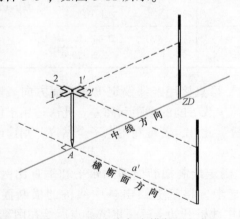

图 8-10　用方向架定横断面方向

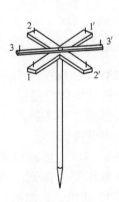

图 8-11　方向架

例如，若需确定 *ZY* 和 P_1 点的横断面方向，先将方向架立于 *ZY* 点上，用 1′方向照准 *JD*，则 2-2′方向即为 *ZY* 的横断面方向。再转动定向杆 3-3′对准 P_1 点，制动定向杆。将方向

架移至 P_1 点，用 2-2′对准 ZY 点，依照同弧两端弦切角相等的原理，3-3′方向为 P_1 点的横断面方向。为了继续测设曲线上 P_2 点的横断面方向，在 P_1 点定好横断面方向后，转动方向架，松开定向架，用 3-3′对准 P_2 点，制动定向杆。然后将方向架移动 P_2 点，用 2-2′对准 P_1 点，则 3-3′方向即为 P_2 点的横断面方向。

2. 测定横断面上点位和高差

横断面上中线桩的地面高程已在纵断面测量时测出，只要测量出各地形特征点相对于中线桩的平距和高差，就可以确定其点位和高程。平距和高差可用下述方法测量。

（1）水准仪皮尺法　此法适用于施测横断面较宽的平坦地区。如图 8-12 所示，安置水准仪后，以中线桩地面高程点为后视，以中线桩两侧横断面方向的地形特征点为前视，标尺读数读至厘米。用皮尺分别量出各特征点到中线桩的水平距离，量至分米。记录格式见表 8-3，表中按线路前进方向分左、右侧记录，以分式表示前视读数和水平距离。高差由后视读数与前视读数求差得到。

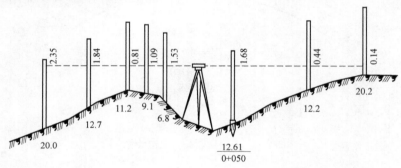

图 8-12　水准仪皮尺法测横断面

表 8-3　横断面测量记录表

前视读数（左侧）					后视读数	（右侧）前视读数	
水平距离					桩号	水平距离	
2.35	1.84	0.81	1.09	1.53	1.68	0.44	0.14
20.0	12.7	11.2	09.1	06.8	0 + 050	12.2	20.0

（2）经纬仪视距法　安置经纬仪于中线桩上，可直接用经纬仪定出横断面方向。量出至中线桩地面的仪器高，用视距法测出各特征点与中线桩间的平距和高差。此法适用于任何地形，包括地形复杂、山坡陡峻的线路横断面测量。此外，若可利用电子全站仪，则速度更快、效率更高。

（3）横断面图的绘制　根据实际工程要求，确定绘制横断面图的水平和垂直比例尺。依据横断面测量得到的各点的平距和高差，在毫米方格纸上绘出各中线桩的横断面图，如图 8-13 所示。绘制时，先标定中线桩位置，由中线桩开始，逐一将特征点展绘在图纸上，再用细线连接相邻点，即绘出横断面的地面线。

以道路工程为例，经路基断面设计，在透明图上按相同的比例尺分别绘出路堑、路堤和半填半挖的路基设计线，称为标准断面图。依据纵断面图上该中线桩的设计高程把标准断面图套绘到横断面图上。也可将路基断面设计的标准断面直接绘在横断面图上，绘制成路基断面图，这一工作俗称"戴帽子"。图8-14为半填半挖的路基横断面图。根据横断面的填、挖面积及相邻中线桩的桩号，可以算出施工的土石方量。

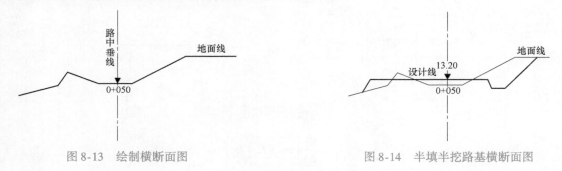

图 8-13　绘制横断面图　　　　　　　图 8-14　半填半挖路基横断面图

3. 路基边桩放样

路基施工之前，需在地面上把路基轮廓表示出来，也就是把路基两旁的边坡与原地面相交的坡脚点（或坡顶点）找出来，钉上边桩，以便施工。边桩的位置与路基的填土高度或挖土深度、边坡率和地形情况有关，常用的路基边桩放样方法如下。

（1）利用横断面图放样边桩　路基横断面图为供路基施工的主要图样，可根据已戴好帽子的横断面图放样路基边桩。坡脚点（或坡顶点）与中桩的水平距离可以从横断面图上量出（一般横断面的比例尺为 1∶200）。然后用皮尺沿着横断面方向量出来。丈量时尺子一定要拉平，如横坡较大时，须分段丈量，在量得的点处钉上坡脚桩（或坡顶桩）。

（2）根据路基中心填挖高度放样边桩　如果在现场没有横断面图，只有施工填挖高度时，也可以放样边桩，其方法如下：

1）平坦地面的路基边桩放样。如图 8-15a，路堤坡脚桩至中桩的距离为

$$l = \frac{B}{2} + mH \tag{8-14}$$

如图 8-15b 所示，路堑坡顶桩至中桩的距离为

$$l = \frac{B_1}{2} + mH \tag{8-15}$$

式中　B——路基设计宽度（m）；

$\quad B_1$——路基与两侧边沟宽度的总和（m）；

$\quad m$——边坡设计坡率；

$\quad H$——路基中心设计填挖高度（m）。

根据计算得的距离，沿横断面方向丈量，钉出路基边桩。如果在曲线上有加宽时，应在加宽一侧的 l 值上加上加宽值。

2）倾斜地面的路基边桩放样。如图 8-16a 所示，路堤坡脚桩至中桩的距离为

上侧坡脚　　　　　　　　　$$l_1 = \frac{B}{2} + m\ (H - h_1) \tag{8-16}$$

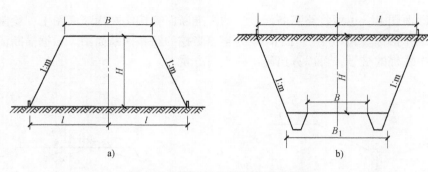

图 8-15　平坦地面的路基边桩放样

下侧坡脚

$$l_2 = \frac{B}{2} + m \ (H + h_2) \tag{8-17}$$

如图 8-16b 所示，路垫坡顶桩至中桩的距离为

上侧坡顶

$$l_1 = \frac{B_1}{2} + m \ (H + h_1) \tag{8-18}$$

下侧坡顶

$$l_2 = \frac{B_1}{2} + m \ (H - h_2) \tag{8-19}$$

式中　h_1——上侧坡脚（或坡顶）与中桩的高差（m）；

　　　h_2——下侧坡脚（或坡顶）与中桩的高差（m）。

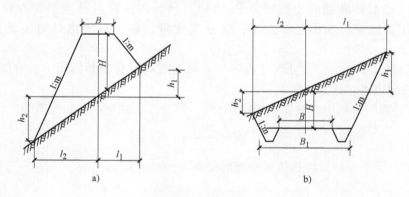

图 8-16　倾斜地面的路基边桩放样

　　这里应当指出，无论对于路堤或路堑的任何一个断面的 h_1 和 h_2 值都是未知数，因而不能根据以上两组式直接放样出边桩。一般采用逐渐趋近法或坡脚尺及样板法。

　　（3）逐渐趋近法　根据中桩的填挖高度 H 和地面横坡的大小，先假定一个中桩到边桩的距离 l_i'，并用手水准仪和水准仪测出假定点和中桩的高差 h_i'，将上述数字代入以上两组式计算 l_i，看计算的和假定的是否一致，如果计算的距离 $l_i > l_i'$，说明假定的边桩离中桩太近，应继续假定增长 l_i' 值，相应的重测 h_i' 值，代入公式再计算；反之，说明假定的边桩离中桩太远，继续假定时应缩短 l_i' 值。这样逐次趋近直到计算值和假定值完全一致，打下边桩。

课题4 管道测量

管道工程一般属于地下构筑物，在较大的城镇及工矿企业中，各种管道通常相互上下穿插，纵横交错。因此，在管道施工过程中，要严格按设计要求进行测量工作，并做到步步有校核，这样才能确保施工质量。

8.4.1 管道施工测量

（1）槽口放线 槽口放线就是按设计要求的埋深和土质情况、管径大小等计算出开槽宽度，并在地面上定出槽边线位置，划出白灰线，以便开挖施工。

（2）设置坡度板及测设中线钉 管道施工中的测量工作主要是控制管道中线设计位置和管底设计高程。为此，需设置坡度板，坡度板的设置如图8-17所示。坡度板跨槽设置的间隔一般为10~20m，编以板号。根据中线控制桩，用经纬仪把管道中心线投测到坡度板上，用小钉作标记，称作中线钉，以控制管道中心的平面位置。

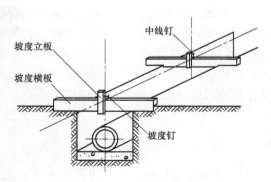

图8-17 坡度板的设置

（3）测设坡度钉 为了控制槽沟的开挖深度和管道的设计高程，还需要在坡度板上测设设计坡度。为此，在坡度横板上设一坡度立板，一侧对齐中线，在竖面上测设一条高程线，其高程与管底设计高程相差一整分米数，称为下反数。在该高程线上横向钉一小钉，称为坡度钉，以控制沟底挖土深度和管子的埋设深度。

8.4.2 顶管施工测量

当地下管道需要穿越其他建设物时，不能用开槽方法施工，就采用顶管施工法。在顶管施工中要做的测量工作有中线测设和高程测设两项。

（1）中线测设 挖好顶管工作坑，根据地面上标定的中线控制桩，用经纬仪将中线引测到坑底，在坑内标定出中线方向，如图8-18a、b所示。在管内前端放置一把木尺，尺上有刻划并标明中心点，用经纬仪可以测出管道中心偏离中线方向的数值，依此在顶进中进行校正，如图8-18c所示。如果使用激光经纬仪，则沿中线方向发射一束可见激光，使得管道顶进中的校正更为方便。

（2）高程测设 在工作坑内测设临时水准点，用水准仪测量管底前、后各点的高程，可以得到管低高程和坡度的校正数值。测量时，管内使用短水准标尺。如果将激光准直经纬仪的视准轴安置后，使其倾斜坡度与管道设计中心线重合，则可以同时控制顶管作业中的方向和高程。

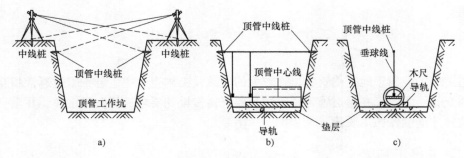

图 8-18 顶管中心线方向测设

8.4.3 管道竣工测量

管道竣工测量包括管道竣工平面图和管道竣工纵断面的测绘。竣工平面图主要测绘管道的起点、转折点、终点、检查井及附属构筑物的平面位置和高程，测绘管道与附近重要地物（永久性房屋、道路、高压电线杆等）的位置关系。管道竣工纵断面图的测绘，要在回填土之前进行，用水准测量方法测定管顶的高程和检查井内管底的高程，距离用钢尺丈量。使用全站仪进行管道竣工测量将会极大地提高效率。

单 元 小 结

1. 圆曲线里程桩放样：圆曲线放样应先进行圆曲线要素的计算，再放样出圆曲线的主点，最后放样圆曲线的加密点。

2. 圆曲线要素及其计算：圆曲线主点包括圆曲线起点 ZY、圆曲线中点 QZ 和圆曲线终点 YZ。线路选定后，角为已知角，曲线半径 R 是设计选定的，现在要计算切线长 T、曲线长 L、外矢距 E。若 T、L、E 已知，则圆曲线主点即可确定。为便于校核计算，还需要计算切曲差 q。因此，T、L、E、q 就是圆曲线的要素。

3. 圆曲线主点的放样

（1）在 JD 点安置经纬仪，以线路方向（亦即切线方向）定向，自 JD 沿两线路方向分别量出切线长 T，即得线路起点 ZY 或终点 YZ。

（2）后视 YZ 点，顺时针拨角 $(180°-\alpha)/2$，得分角线方向，沿此方向自 JD 点量出外矢距 E，得圆曲线中点 QZ。

4. 圆曲线详细放样：在施工时，还需要放出曲线上除主点之外的若干点，称为圆曲线的详细放样。常用的方法有直角坐标法和偏角法等。

5. 中线恢复测量：路线经过勘测设计之后，往往要经过一段时间才能施工，在这段时间内可能有一部分交点桩和中桩遗失。因此，在路线施工测量中，首要的任务是恢复路线中线，才能做纵横断面测量，最后再进行路基边桩和边坡的放样。

6. 在恢复中线时，一般均将附属物的位置一并定出。对于部分改线地段，则应重新定线，并测绘相应的纵横断面图。

7. 线路工程的中心线由直线和曲线构成。中线测量就是通过线路的测设，将线路工程中心线标定在实地上。中线测量主要包括测设中心线起点、终点、各交点（JD）和转点（ZD），量距和钉桩，测量线路各偏角（α），测设圆曲线等工作。

8. 线路纵横断面图测绘：它的任务是测定中线上各里程桩的地面高程，绘制中线纵断面图，作为设计线路坡度、计算中桩填挖尺寸的依据。

9. 线路水准测量：它分两步进行，首先在线路方向上设置水准点，建立高程控制，称为基平测量；其次是根据各水准点的高程，分段进行中桩水准测量，称为中平测量。基平测量的精度要比中平高，一般按四等水准测量的精度；中平测量只作单程观测，按普通水准测量精度。横断面测量是测定各中心桩两侧垂直于线路的地面高程，可供路基设计、计算土石方量及施工放边桩之用。

10. 管道施工测量：管道工程一般属于地下构筑物，在较大的城镇及工矿企业中，各种管道通常相互上下穿插，纵横交错，因此在施工过程中，要严格按设计要求进行测量工作，并做到步步有校核，这样才能确保施工质量。

11. 顶管施工测量：当地下管道需要穿越其他建设物时，不能用开槽方法施工，就采用顶管施工法。在顶管施工中要做的测量工作有中线测设和高程测设两项。

 复习思考题

8-1 线路工程测量的主要目的有哪些？

8-2 道路工程施工测量前必须做哪些准备工作？

8-3 道路纵横断面施工测量的任务是什么？

8-4 道路纵横断面施工测量的内容有哪些？怎样绘制？

8-5 横断面图纵横比例尺与纵断面图纵横比例尺的确定有何不同？

8-6 如图8-19所示为某管道纵断面水准测量观测数据，试完成以下作业：

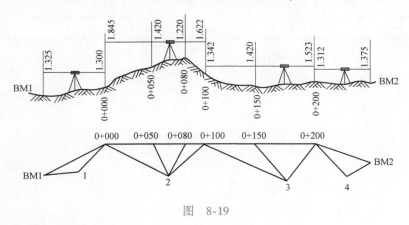

图 8-19

（1）将观测数据填入表8-4中。

（2）计算各桩号的地面高程，并作校核。已知BM1高程为66.254m，BM2高程为66.260m。

（3）根据算得的地面高程，画出纵断面图（纵向比例尺为1：100，横向比例尺为1：1000）。

（4）已知0+000桩号地面高程为66.279m，设计管底高程为65.354m，管底设计坡度-0.5%，试画出管道设计线，并求管道挖深。

表 8-4

测 站	桩 号	水准尺读数/m			视线高程/m	高程/m	备 注
		后视	前视	插前视			

单元9
全站仪及GNSS全球导航卫星系统的应用 >>>>>>

单元概述

本单元主要介绍全站仪的原理和使用方法、全站仪构造及 GNSS 定位原理。

知识目标

1. 了解 GNSS 测量基本原理。
2. 掌握全站仪及 GNSS 定位系统的结构和常用功能。

技能目标

1. 熟练使用全站仪进行角度测量、距离测量、坐标测量及坐标放样。
2. 探索性使用全站仪进行对边测量、悬高测量、面积测量、后方交会等内置程序测量。

课题1　全站仪及其基本操作

9.1.1　概述

全站仪是全站型电子速测仪（Electronic Total Station）的简称。它是由电子测角、电子测距、电子计算和数据存储等单元组成的三维坐标测量系统，是能自动显示测量结果，能与外围设备交换信息的多功能测量仪器。该仪器较完善地实现了测量和处理过程的电子一体化。

全站仪由以下两大部分组成：

（1）采集数据设备　主要有电子测角系统、电子测距系统及自动补偿设备等。

（2）微处理器　微处理器是全站仪的核心装置，主要由中央处理器、随机储存器和只读存储器等构成。测量时，微处理器根据键盘或程序的指令控制各分系统的测量工作，进行必要的逻辑和数值运算以及数字存储、处理、管理、传输、显示等。

常见的全站仪品牌有瑞士徕卡（LEICA）系列，日本拓普康（TOPCON）系列、尼康（NIKON）系列，德国（ZEISS）系列以及我国的苏一光（ETD）系列和南方（NTS）系列。仪器外形如图 9-1 ~ 图 9-6 所示。

TPS 1100   TC(A) 2003   TPS 400

图 9-1 徕卡（LEICA）系列

GTP 8000   GTS 810   AP—LIA

图 9-2 拓普康（TOPCON）系列

NPL 821   NPL 350   C 100

图 9-3 尼康（NIKON）系列

ELTA C   ELTA R   ELTA S

图 9-4 蔡司（ZEISS）系列

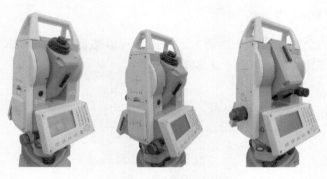

图9-5　苏一光（ETD）系列

图9-6　南方（NTS）系列

全站仪的精度指标主要体现在测角精度和测距精度两个方面，部分高端全站仪如徕卡TC（A）2003、徕卡TS30等，还带有伺服电机和目标自动识别（ATR）功能，基于这两个功能，可以实现自动化测量，在大坝监测、基坑监测、地铁盾构等工程项目中得到广泛应用。表9-1列举了几种全站仪精度指标。

表9-1　常见全站仪精度指标

型　号	测角精度	测距精度
徕卡 TC（A）2003	0.5″	$1mm + 1D \times 10^{-6}$
徕卡 TC（A）1800	1″	$1mm + 2D \times 10^{-6}$
徕卡 TS30	0.5″	$2mm + 2D \times 10^{-6}$
徕卡 TS60	0.5″	$0.6mm + 1D \times 10^{-6}$
拓普康 GTS102N 拓普康 OS－602G 苏一光 RTS160 系列 南方 NTS312R 宾得 R－202NE・S	2″	$2mm + 2D \times 10^{-6}$

注：D是全站仪实际测量的距离值，单位是公里。

9.1.2 全站仪的结构及基本操作

不同品牌类型的全站仪结构及功能大致相同，现以拓普康 GTS102N 型全站仪为例介绍全站仪基本部件名称和功能，如图 9-7 和图 9-8 所示。

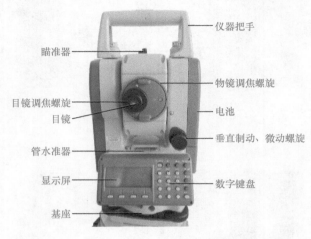

图 9-7　拓普康 GTS102N 型全站仪基本部件（一）

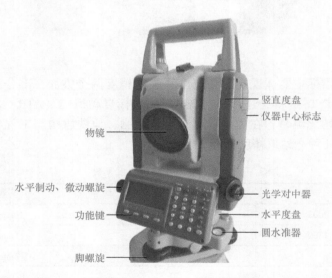

图 9-8　拓普康 GTS102N 型全站仪基本部件（二）

1. 显示屏

一般显示屏的上面几行显示观测数据，底行显示软件功能，它随测量模式的不同而变化。利用星键（★）可调整显示屏的对比度和亮度。

2. 显示符号

全站仪常用显示符号和含义见表 9-2。

表 9-2　全站仪常用显示符号和含义

符　号	含　义	符　号	含　义
V	垂直角	N	北坐标
V%	垂直角（坡度显示）	E	东坐标
HR	水平角（右角）	Z	高程
HL	水平角（左角）	m	以米为单位
HD	水平距离	f	以英尺为单位
VD	高差	dHD	与待放样距离差值
SD	倾斜距离	dHR	与待放样角度差值
*	测距进行中	dZ	与待放样高程差值
PPM	大气改正值	PSM	棱镜常数值

3. 操作键

全站仪常用操作键符号和功能见表9-3。

表 9-3　全站仪常用操作键符号和功能

键	名　称	功　能
★	星键	显示屏对比度、背景光、十字丝照明、电子气泡、倾斜改正、棱镜参数设置
ANG	角度测量键	角度测量模式
◢	距离测量键	距离测量模式
 ∠	坐标测量键	坐标测量模式
POWER	电源键	电源开关
MENU	菜单键	在菜单模式和正常测量模式之间切换
ESC	退出键	返回上一层
ENT	确认键	在输入值末位按此键
F1 ~ F4	软件（功能键）	对应于显示的软件功能信息

4. 功能键

软件功能键标记在显示屏的底行，该功能随测量模式不同而改变，如图9-9所示为软件的功能在不同测量模式下的作用。

9.1.3　全站仪的辅助设备

全站仪常用的辅助设备有：三脚架、反射棱镜或反射片、温度计、气压表、管式罗盘、数据通信线以及电池和充电器等。

（1）三脚架　用于架设仪器或棱镜的装置，其操作与经纬仪相同。

（2）反射棱镜或反射片　在进行距离测量、坐标测量时安置于待测点的装置，其特点是原光路反射测距信号，根据工程应用不同，可设置单棱镜（见图9-10）、多棱镜、360度棱镜（见图9-11）或反射片。

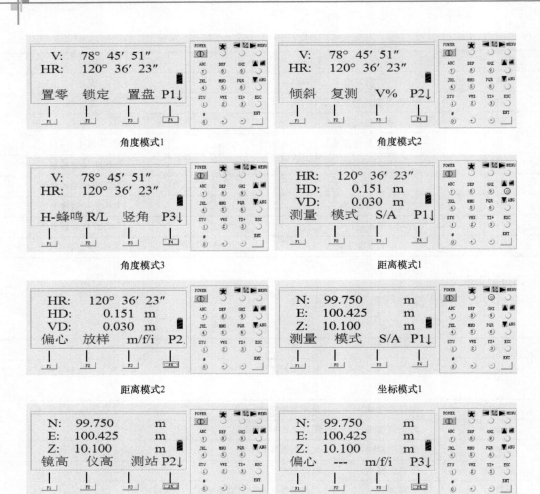

图 9-9　全站仪不同测量模式

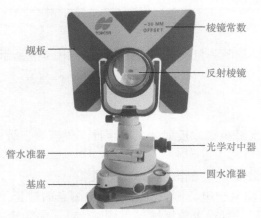

图 9-10　单棱镜及基座

图 9-11　360度棱镜

（3）温度计和气压计　提供工作现场的温度和气压，用于仪器参数设置。

（4）管式罗盘　用于望远镜照准磁北方向完成定向。

（5）数据通信线　用于连接仪器和计算机进行数据通信，部分仪器提供 SD 卡、USB 接口、蓝牙连接功能。

（6）电池及充电器　为仪器提供电源，仪器长时间停用时，应注意电池定期充电以免电池损害失效。

课题2　全站仪的基本功能

9.2.1　角度测量

（1）功能　角度测量模式下，可进行水平角、竖直角测量，详细功能有角度模式1、角度模式2、角度模式3。其中置盘功能中，若要设置某一方向为"120°36′23″"，大部分仪器型号中只需输入"120.3623"即可。竖直角测量操作步骤及计算过程与经纬仪类似。

（2）方法　测量过程与经纬仪测角相同，数字显示不存在读数误差。如图 9-12 所示，若要测出水平角∠AOB，则：

1）当精度要求不高时，可用半测回法测定。操作步骤为：瞄准 A 点置零，瞄准 B，记录。

2）当精度要求较高时，可用测回法测定。操作步骤与计算过程类似于经纬仪测角。

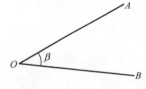

图 9-12　全站仪角度测量

9.2.2　距离测量

1. 棱镜常数

电磁波在玻璃中的传播速度小于空气，导致电磁波在反射棱镜中传播所用的超量时间使所测距离增大某一数值，这个增大的数值称为棱镜常数（PSM）。通常棱镜常数在生产厂家所附的说明书上或棱镜上标出，供测距时使用。当使用与全站仪不配套的棱镜时，务必先确定其棱镜常数以免影响数据的准确性，尤其在精密工程测量中，棱镜常数不准确可能导致工程事故。部分全站仪带有免棱镜功能，但其测程较短，一般在 500m 以下，精度相比棱镜模式略低。

2. 大气改正

由于仪器作业时的大气条件一般不与仪器默认相同，光尺长度会发生微小变化引起测量误差，因此测距时宜进行大气改正。

3. 功能与操作

距离模式下照准棱镜中心，按测量键即可测量平距（HD）、斜距（SD）、高差（VD），仪器镜点至棱镜镜点间的斜距与高差等。用户可根据不同的需求设置不同的测距模式，如图 9-13 所示，其中跟踪模式适用于工程放样。

图 9-13　测距模式

9.2.3　坐标测量

1. 定向

在作业现场，确定测站点至后视点的方位角，简称定向。为了控制由测站点和后视点的点位误差而引起的定向角度误差，定向时宜使用距离较长的点作为后视点，距离较短的点作为检核点，俗称长边定向、短边检查。

（1）已知测站点坐标与后视方向方位角 α_0 进行定向　以测站点坐标（120，150，10），后视方向方位角（测站点至后视点方位）"128°39′35″"为例，操作如下：

1）按 ANG 键进入角度模式，照准后视点后按置盘键设置水平角"128°39′35″"，如图 9-14 所示。

图 9-14　设置水平角

2）按 ⤢ 键进入坐标测量模式，按 P1 功能键翻页，按测站功能键，输入测站点坐标（120，150，10）后确定，定向完成，如图 9-15 所示。

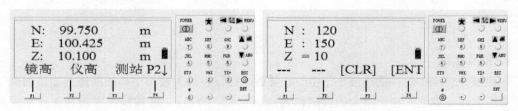

图 9-15　定向

（2）已知测站点与后视点坐标进行定向　以测站点坐标（120，150，10），后视点坐标（80，200）为例，操作如下：

1）MENU 菜单键→数据采集或放样→测站点输入→坐标，输入（120，150，10）确定，如图 9-16 所示。

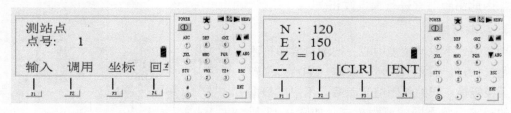

图 9-16　输入测站点坐标

2）后视→后视点→NE/AZ，输入（80，200）确定后跳出对话框 H（B）= 128°39′35″，瞄准后视点后点击"是"，完成定向，如图9-17所示。

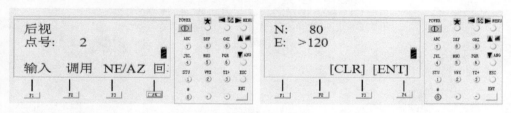

图9-17　输入后视点坐标

测量过程中，若要同时获取待测点的平面和高程数据，还应根据提示输入仪器高和棱镜高。

2. 测量

1）精度要求不高时，可将棱镜对中杆置于待测点上，保持圆气泡居中，瞄准测量即可。

2）精度要求较高时，应在待测点上架设三脚架，安置棱镜基座，对中整平后瞄准测量。

3）特殊状况不方便架设棱镜时（桥拱拼接、隧道变形观测、高温高压危险区域等），可粘贴反射片，此时仪器应设置目标为反射片。

9.2.4　坐标放样

1. 坐标放样原理

如图9-18所示，A、B 为作业现场控制点且通视，其中 A 为测站点（X_A，Y_A），B 为后视点（X_B，Y_B），P 为待放样点（X_P，Y_P），Q 为当前棱镜位置，AQ 为当前望远镜方向。由 A、B、P 坐标值通过坐标反算可得到：α_{AB}、α_{AP}、D_{AP}。图中，dHR 为角度差，dHD 为距离差。

2. 操作步骤

全站仪放样一般在仪器盘左状态下进行，放样精度与具体工程应用相关。下面以测站点 A（120，150），后视点 B（80，200），放样点 P（138，248）为例叙述全站仪坐标放样过程。

（1）定向　参照9.2.3坐标测量定向。

（2）输入信息　输入放样点坐标（138，248），仪器

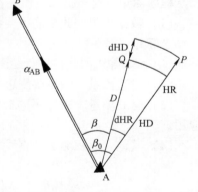

图9-18　全站仪坐标放样原理

弹出计算数据：HR：79°35′32″，HD：99.639，如图9-19所示。其中 HR 为待放样边 AP 方位角，HD 为测站点至 P 点水平距离（单位 m）。

（3）指挥

1）角度：转动仪器使 dHR 至 0°附近，然后使用水平微动螺旋调整 dHR 为 0°00′00″，如图9-20所示，此时望远镜方向为 AP 方向。

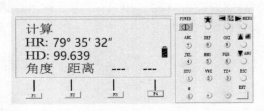

图 9-19　输入放样点坐标

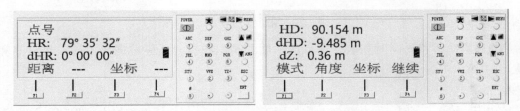

图 9-20　调整 dHR 和 dHD

2）距离：在 *AP* 大致方向上测距，dHD < 0 时，指挥扶尺人往远离仪器方向移动，否则往靠近仪器方向移动，直至 dHD 在精度要求范围内，并做好标记。如图 9-20 所示，扶尺人应朝远离仪器方向移动 9.485m。

（4）检核　测量标记点坐标，并与放样点数据进行对比，确认无误后，进行下一点放样。

9.2.5　程序测量

程序测量主要包括以下模块：

（1）数据采集　此功能主要用于地形图测绘，在野外可以获得地物、地貌的碎部点的三维坐标并存储在仪器内存中，用户可以通过连接电缆、蓝牙、SD 卡等导出其数据文件，并通过 CASS 等成图软件进行绘图处理。

（2）对边测量　测量待测边的坡度、高差、距离。

（3）悬高测量　通过测量水平距离和竖直角获得待测点的高差，在电力测量中有广泛应用。

（4）其他　面积测量、直线放样、后方交会等。

课题 3　GNSS 全球导航卫星系统简介

全球导航卫星系统 GNSS（Global Navigation Satellite System），是利用一组卫星的伪距、星历等观测量来确定地球表面或近地空间任何点位的三维坐标、速度、时间的空基无线电导航定位系统。目前，成熟的全球定位系统有美国全球定位系统（GPS）、俄罗斯全球导航卫星系统（GLONASS）、欧盟伽利略卫星导航系统（GALILEO）和我国的北斗卫星导航系统（BDS）。

与常规测量技术相比，GNSS 技术具有以下优点：

1）测站点间不要求通视。

2）自动化程度高，观测速度快。尤其是近几年发展较快的网络 RTK 技术，可大大减少野外作业时间和劳动强度。

3）定位精度高。采用相对定位方法，精度可达 $5mm + D \times 10^{-6}$（D 为实际测量距离值，单位是公里），甚至更优。

4）可提供三维坐标。在精确获得测站的平面位置的同时，还可以精确测定测站的大地高程。

5）全方位、全天候作业。可在任何地点、任何时间连续观测，一般不受天气状况影响。

其中，北斗卫星导航系统还独具有短报文传讯功能。但是，由于进行 GNSS 测量时，要求观测站上空开阔，附近无大面积遮挡物，以便接受质量较好的卫星信号，因此 GNSS 在有些环境下并不适用，如隧道工程、房产测量、两边有高大建筑的街道或巷道测量等。

9.3.1　GNSS 全球导航卫星系统组成

GNSS 全球导航卫星系统主要由三部分组成：卫星组成的空间星座部分、地面站组成的监控系统和以接收机为主体的用户部分。三者构成既有独立的功能和作用，又有机配合缺一不可的整体系统。

1. 空间星座部分

目前 GPS 空间星座部分正常工作卫星由 24 颗卫星（21 颗工作卫星、3 颗在轨备用卫星）组成，均匀分布在倾角为 55°的 6 个轨道上，覆盖全球上空，能保证在地球各处实时观测到高度角 15°以上的卫星至少 4 颗。

北斗卫星导航系统空间星座部分计划由 35 颗卫星（5 颗静止同步轨道卫星、27 颗中地球轨道卫星、3 颗倾斜同步轨道卫星）组成。5 颗静止同步轨道卫星位于地球赤道上空，定点位置为东经 58.75°、80°、110.5°、140°和 160°，中地球轨道卫星运行在 3 个轨道面上，轨道面之间为相隔 120°均匀分布。

2. 监控系统

监控系统负责监控全球定位系统的工作，它包括主控站、监控站和注入站。

3. 用户部分

用户设备包括 GNSS 接收机硬件、数据处理软件和微处理机以及其他终端设备，如导航仪、手机等。

GNSS 接收机是用户设备的核心，一般由主机、天线和电源三部分组成。其主要功能一是跟踪接收卫星发射的信号并进行变换、放大和处理，以便测量出卫星信号从卫星到接收机天线的传播时间；二是解释电文，实时计算出测站的三维坐标，甚至三维速度和时间。GNSS 接收机的基本类型分导航型、授时型和大地型。目前，很多大地型接收机均能接收不同类型导航系统的卫星信号，更多的多余观测量参与平差计算，精度更高。

9.3.2 GNSS 坐标系统

任何一项测量工作都需要一个特定的坐标系统（基准）。由于 GNSS 提供的服务是全球性的，其坐标系统也必须是全球性的。GPS 测量中使用的坐标系统称为 1984 年世界大地坐标系，简称 WGS－84；北斗系统使用的坐标系称为 2000 国家大地坐标系，简称 CGCS2000。两者都属于地心大地坐标系统，从理论上讲它们的坐标原点均为地球质心。

在实际工程应用中，用户往往希望通过 GNSS 测量得到当地坐标系下的数据，这就要求坐标系统之间进行转换。在数据处理时，用户可通过计算机内业处理软件或手簿设置来获得当地现有坐标系下的实用坐标。常见的转换方法有四参数法和七参数法，四参数为 ΔX，ΔY，旋转角 α 和尺度因子 k；七参数为 ΔX，ΔY，ΔZ，旋转角 α、β、γ 和尺度因子 k。

9.3.3 GNSS 定位基本原理

GNSS 定位的方法，根据用户接收天线在测量中所处的状态来分，可分为静态定位和动态定位；若按定位的结果进行分类，则可分为绝对定位和相对定位。各种定位的方法还可有不同的组合，如静态绝对定位、静态相对定位、动态绝对定位、动态相对定位等。在测量工作中，静态相对定位一般用于精度要求较高的控制测量，动态相对定位（如 RTK 技术）一般用于碎部测量或精度要求不高的控制测量。

静态定位是指将接收机静置于测站上数分钟至 1 小时或更长时间进行观测，以确定一个点的三维坐标（绝对定位）或两个点之间的相对位置（相对定位）。

GNSS 卫星定位的基本原理，是以 GNSS 卫星和用户接收机天线之间距离的观测量为基础，并根据已知的卫星瞬时坐标，来确定用户接收机所对应的点位，即待定点的三维坐标（x、y、z）。由此可见，卫星定位的关键是测定用户接收机至卫星之间的距离。静态定位方法有伪距法、载波相位测量法和射电干涉测量法等，这里仅简单介绍伪距法基本定位原理。

卫星发射的测距码信号到达接收机天线所经历的时间为 t，该时间乘以光速 c 就是卫星至接收机的空间几何距离 ρ，即

$$\rho = ct \tag{9-1}$$

这种情况下，距离测量的特点是单程测距，要求卫星时钟与接收机时钟要严格同步。但实际上，卫星时钟与接收机时钟难于严格同步，存在一个不同步误差。此外，测距码在大气传输中还受到大气电离层折射及大气对流层的影响，会产生延迟误差。因此，实际所求得的距离并非真正的站星几何距离，习惯上将其称为"伪距"，用 ρ' 表示。通过测伪距来定点位的方法称为伪距法定位。

伪距 ρ' 与空间几何距离 ρ 之间的关系为

$$\rho = \rho' + \delta_{pi} + \delta_{pt} - c\delta_t^s + c\delta_{tan} \tag{9-2}$$

式中　δ_{pi}——电离层延迟改正；

δ_{pt}——对流层延迟改正；

δ_t^s——卫星钟差改正；

δ_{tan}——接收机钟差改正。

也可利用卫星发射的载波作为测距信号。由于载波的波长比测距码的波长要短得多，因此对载波进行相位测量，可以获得高精度的站星距离。站星之间的真正几何距离 ρ 与卫星坐标（X_S、Y_S、Z_S）和接收天线相位中心坐标（X、Y、Z）之间有如下关系：

$$\rho = \sqrt{(X_S - X)^2 + (Y_S - Y)^2 + (Z_S - Z)^2} \tag{9-3}$$

卫星的瞬时坐标（X_S、Y_S、Z_S）可根据卫星定位的基本原理通过接收到的卫星导航电文求得。所以，上式中仅有待定点三维坐标（X、Y、Z）三个未知数。如果接收机同时对 3 颗卫星进行距离测量，从理论上讲，即可推算出接收机天线相位中心的位置。因此，单点定位的实质，就是空间距离后方交会，如图 9-21 所示。

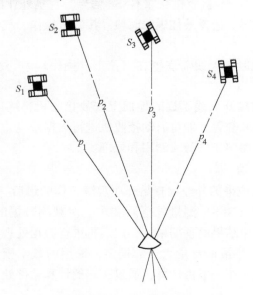

图 9-21　GNSS 接收机

实际测量时，为了修正接收机的计时误差，求出接收机钟差，将钟差也当作未知数，这样，在一个测站上实际存在 4 个未知数，为了求得 4 个未知数至少应同时观测 4 颗卫星。以上定位方法是单点定位，这种定位方法的优点是只需一台接收机，数据处理比较简单，定位速度快，但其缺点是精度较低，只能达到米级的精度。

为了满足高精度测量的需要，目前广泛采用相对定位法。相对定位是利用位于不同地点的若干台接收机，同步跟踪相同的卫星，以确定各台接收机间的相对位置。由于同步观测值之间存在着许多数值相同或相近的误差影响，它们在求相对位置过程中得到消除或削弱，使相对定位可以达到很高的精度。因此，静态相对定位在大地测量、精密工程测量等领域有着广泛的应用。

9.3.4　GNSS 测量实施

GNSS 测量实施的工作程序可分为方案设计、选点建立标志、外业观测、成果检核和内业数据处理等几个阶段。

1. 选点建立标志

测量选点时应满足以下要求：

1）点位应选在交通方便、易于安装接收设备的地方，且视场要开阔。

2）点间不需要通视，但应注意点的上方不能有浓密的树木、建筑物等遮挡，并且点位应远离高压线、电台、电视台等强磁场干扰。

3）点位选定后，按要求埋设标志，并绘制点之记。

2. 外业观测

外业观测主要是利用 GNSS 接收机获取 GNSS 信号，它是外业阶段的核心工作，包括对接收设备的检查、天线设置、选择最佳观测时段、接收机操作、气象数据观测、测站记录等项内容。

（1）天线设置　观测时，天线需安置在点位上，操作程序为对中、整平、定向和量天线高度。

（2）接收机操作　在离开天线不远的地面上安放接收机，接通接收机至电源、天线和控制器的电缆，并经预热和静置，即可启动接收机进行数据采集。观测数据由接收机自动形成，并保存在接收机存储器中，供随时调用和处理。

3. 成果检核和数据处理

（1）成果检核　观测成果的外业检查是外业观测工作的最后一个环节，每当观测结束，必须按照《全球定位系统（GPS）测量规范》要求，对观测数据的质量进行分析并作出评价，以保证观测成果和定位结果的预期精度，然后再进行数据处理。

（2）数据处理　由于测量信息量大、数据多，采用的数学模型和解算方法有很多种。在实际工作中，数据处理工作一般由计算机通过一定的计算软件处理完成。

单 元 小 结

1. 全站仪：全站仪是一种集测距装置、测角装置和微处理器为一体的新型测量仪器。这种测量仪器能自动测量和计算，并通过电子手簿或直接实现自动记录、存储和输出。

2. 全站仪主要由 5 个系统组成：控制系统、测角系统、测距系统、记录系统和通信系统。

3. 全站仪主要功能：可进行角度测量、距离测量、坐标测量。

4. GNSS 全球导航卫星系统：由各导航系统在轨卫星构成其空间运行系统，能在 24 小时不间断地向地球上发射导航信号，供海、陆、空各种载体上的固定和移动接收机天线接收，实现在地球上任何地方和任何时刻的导航和定位。

5. GNSS 定位的方法：根据用户接收天线在测量中所处的状态来分，可分为静态定位和动态定位；若按定位的结果进行分类，则可分为绝对定位和相对定位。

复习思考题

9-1　全站仪的基本组成部件有哪些?

9-2　全站仪的基本操作包括哪些内容?

9-3　全站仪的标准测量模式包括哪些内容?

9-4　全站仪的电池在使用和充电过程中需要注意哪些事项?

9-5　利用全站仪进行水平角（右角）和竖直角测量的操作步骤有哪些?

9-6　简述利用全站仪进行距离测量的操作步骤。

9-7　简述利用全站仪进行坐标测量的操作步骤。

9-8　简述利用全站仪进行点位放样的基本方法。

9-9　GNSS 由哪些部分组成? 各部分的功能和作用是什么?

9-10　简要叙述 GNSS 的定位原理。

参 考 文 献

[1] 苗景荣. 建筑工程测量 [M]. 北京：中国建筑工业出版社，2003.

[2] 吴洪强，陈武新. 测量学 [M]. 哈尔滨：哈尔滨地图出版社，2004.

[3] 刘玉珠. 土木工程测量 [M]. 广州：华南理工大学出版社，2001.

[4] 秦根杰. 看图学施工测量技术 [M]. 北京：机械工业出版社，2004.

[5] 李生平. 建筑工程测量 [M]. 北京：高等教育出版社，2004.

[6] 彭福坤，彭庆. 土木工程施工测量手册 [M]. 北京：中国建材出版社，2000.

[7] 王永臣，王翠玲. 放线工手册 [M]. 北京：中国建筑工业出版社，1999.

[8] 建设部人事教育司. 测量放线工 [M]. 北京：中国建筑工业出版社，2002.

[9] 张希黔. GPS 在建筑施工中的应用 [M]. 北京：中国建筑工业出版社，2003.

[10] 赫延锦. 建筑工程测量 [M]. 北京：科学出版社，2001.

附录 建筑测量能力训练手册

学校：_____

班级：_____

学号：_____

姓名：_____

组号：_____

附录 A　基本能力训练

训练一　自动安平水准仪的认识和使用

一、目的和要求
1）了解水准仪的基本构造和功能，认识其主要构件的名称和作用。
2）练习水准仪的安置、整平、对光、照准、读数及高差计算。
3）掌握自动安平水准仪的使用方法。

二、仪器和工具
每组的实验设备为自动安平水准仪 1 台，水准尺 2 把，记录板 1 块。

三、方法和步骤
1）认清水准仪的构造和各部件的名称。
2）水准仪的安置和水准测量的操作。
①安置仪器；②整平；③对光照准；④读数。

四、注意事项
1）仪器安放在三脚架架头上，最后必须旋紧连接螺旋，务必使其连接牢固。
2）水准仪在读数前，使气泡尽可能靠近圆圈中心位置。
3）瞄准目标，注意消除视差。
4）从水准尺上读数必须读 4 位数：m，dm，cm，mm。不到 1m 的读数，第一位为零；如为整分米、整厘米读数，相应的位数也应补零。
5）每人练习水准仪安置和操作方法以后，对两把竖立的水准尺分别进行整平、照准、读数，并作好 水准测量读数记录，计算两水准尺立尺点的高差，作为本次实验成果上交。

五、实习报告
1）完成下面表 A-1。
2）识别表 A-2 中所列水准仪的部件并写出它们的功能。

表　A-1

测　　点	后视读数/m	前视读数/m	高差/m	备　　注

表 A-2

部件名称	功能
瞄准器	
目镜调焦螺旋	
物镜调焦螺旋	
自动补偿装置	
水平微动螺旋	
脚螺旋	
圆水准器	

训练二　高差法闭合水准测量实验

一、目的和要求

1）练习等外水准测量的观测、记录、计算与检核的方法。

2）由一个已知高程点 BM.0 开始，经待定高程点 TP.1、TP.2、TP.3，进行闭合水准路线测量，求出待定高程点 TP.1、TP.2、TP.3 的高程。高差闭合差的容许值为

$$f_{h容} = \pm 12\sqrt{n} \text{ mm}$$

或

$$f_{h容} = \pm 30\sqrt{L} \text{ mm}$$

式中　n——测站数；

L——水准路线的公里数。

3）实验小组由 5 人组成；一人观测、一人记录、一人打伞、二人扶尺。

二、仪器和工具

DS_3 型水准仪 1 台，水准尺 2 把，尺垫 2 个，记录本 1 本，伞 1 把。

三、方法和步骤

1）在地面选定 TP.1、TP.2、TP.3 三个坚固点作为转点，BM.0 为已知高程点，其高程值由教师提供。安置仪器于点 BM.0 和转点 TP.1（放置尺垫）之间，目估前、后视距离大致相等，进行粗略整平和目镜对光。测站编号为 1。

2）后视 BM.0 点上的水准尺，精平后读取后视读数 a_1，记入手簿。

3）前视 TP.1 点上的水准尺，精平后读取前视读数 b_1，记入手簿。

4）计算高差：高差等于后视读数减去前视读数。

5）迁站至第 2 站继续观测。沿选定的路线，将仪器迁至点 TP.1 和点 TP.2 的中间，仍用第一站施测的方法，后视点 TP.1，前视点 TP.2，依次连续设站，经过点 TP.3 连续观测，最后仍回至点 BM.0。

6）计算待定点初算高程：根据已知高程点 BM.0 的高程和各点间的观测高差计算 TP.1、TP.2、TP.3、BM.0 四个点的初算高程。

7）计算检核：后视读数之和减去前视读数之和应等于高差之和，也等于终点高程与起点高程之差。

8）观测精度检核：计算高差闭合差及高差闭合差容许值，如果小于容许值，则观测合格，否则应重测。

四、注意事项

1）在每次读数之前，应使水准管气泡严格居中，并消除视差。

2）应使前、后视距离大致相等。

3）在已知高程点和待定高程点上不能放置尺垫。转点用尺垫时，应将水准尺置于尺垫半圆球的顶点上。

4）尺垫应踏入土中或置于坚固地面上，在观测过程中不得碰动仪器或尺垫，迁站时应保护前视尺垫不得移动。

5）水准尺必须扶直，不得前、后、左、右倾斜。

五、实习报告

完成表 A-3。

表 A-3　高差法水准测量手簿（闭合水准路线）

测点	后视读数 a/m	前视读数 b/m	高差 h/m		高程 H/m	备注
			+	−		
					100.000	已知点
Σ						
$\sum a - \sum b =$			$\sum h =$		$H_{终} - H_{始} =$	

训练三 微倾式水准仪的检验

一、目的和要求

1）了解微倾式水准仪各轴线间应满足的几何条件。

2）掌握微倾式水准仪的检验方法。

3）要求检校后的 i 角不得超过20″，其他条件检校到无明显偏差为止。

二、仪器和工具

DS₃型水准仪1台，水准尺2把，皮尺1把，木桩（或尺垫）2个，斧1把，拨针1个，螺钉旋具1个。

三、方法和步骤

1）一般性检验。安置仪器后，首先检验三脚架是否牢固，制动和微动螺旋、微倾螺旋、对光螺旋、脚螺旋等是否有效，望远镜成像是否清晰。

2）圆水准器轴应平行于仪器竖轴的检验。

3）十字丝横丝应垂直于仪器竖轴的检验。

4）视准轴平行于水准管轴的检验。

四、注意事项

检校仪器时必须按上述的规定顺序进行，不能颠倒。

训练四 DJ₆型光学经纬仪的认识和使用

一、目的和要求

1）了解 DJ₆型光学经纬仪的基本构造及主要部件的名称和作用。

2）掌握经纬仪的基本操作方法——对中、整平、照准、读数。

二、仪器和工具

1）实习设备为 DJ₆型光学经纬仪1台，记录板1块，测钎2根，记录本1本，伞1把。

2）每个实习班级，由实验室人员安置觇牌若干块，作为各实习小组练习瞄准之用。

三、方法和步骤

1）认清 DJ₆型光学经纬仪的构造和各部件的名称。

2）经纬仪的安置和水平角观测的操作。在指定的地点上安置经纬仪作为测站点，瞄准测钎或觇牌，作水平角观测的读数练习。

①对中；②整平；③照准；④读数；⑤其他练习。

四、注意事项

1）经纬仪对中时，应使三脚架架头大致水平，否则会导致仪器在整平时遇到困难。

2）经纬仪整平时，应检查各个方向水准管气泡的居中，其偏差应在规定范围以内。

3）用望远镜瞄准目标时，注意消除视差。

4）用分微尺进行度盘读数时，估读至0.1′，估读必须准确。

5）水平度盘读数练习的记录作为实验成果上交。

五、实习报告

完成表 A-4。

表 A-4　水平角观测手簿

测站	竖盘位置	目标	水平度盘读数			水平角值			备注
			°	′	″	°	′	″	

训练五　DJ$_6$ 型测回法水平角观测

一、目的和要求

1）掌握用 DJ$_6$ 型经纬仪测回法水平角观测的操作、记录和计算方法。

2）要求上、下半测回值之差不大于 ±40″。

二、仪器和工具

1）实习学时数安排为 2 学时。每个实习小组由 3 人组成，轮流作观测和记录。

2）实习设备为 DJ$_6$ 型光学经纬仪 1 台，记录板 1 块，测钎 2 根。

三、方法和步骤（略）

四、注意事项

1）安置经纬仪时，与地面点的对中误差应小于 2mm。

2）瞄准目标时，应尽量瞄准目标底部同一位置，以减少由于目标倾斜引起水平角观测的误差。

3）观测过程中，若发现水准管气泡偏移超过 1 格时，应重新整平仪器，并重测该测回。

4）每人至少应独立进行一测回的水平角观测，并以该测回的观测和计算成果上交。

五、实习报告

完成表 A-5。

表 A-5　水平角观测手簿（测回法）

测站	盘位	目标	水平度盘读数 ° ′ ″	半测回角值 ° ′ ″	一测回角值 ° ′ ″	各测回角值 ° ′ ″	备注
	左						
	右						

（续）

测站	盘位	目标	水平度盘读数	半测回角值	一测回角值	各测回角值	备注
			° ′ ″	° ′ ″	° ′ ″	° ′ ″	
	左						
	右						
	左						
	右						
	左						
	右						
	左						
	右						

训练六 DJ$_6$型竖直角观测

一、目的和要求

1）了解 DJ$_6$型经纬仪竖直度盘的构造、注记形式、竖盘指标差与竖盘水准管之间的关系。

2）掌握竖直角观测、记录、计算及竖盘指标差的检验方法。

二、仪器和工具

1）实习学时数安排为 2 学时，每个实习小组由 3 人组成，轮流操作仪器和做记录及计算。

2）实习设备 DJ$_6$型光学经纬仪 1 台，记录板 1 块，校正针 1 支。

3）每个实习班级，由实习室人员安置觇牌若干块，作为各实习小组练习瞄准之用。

三、方法和步骤（略）

四、注意事项

1）进行竖直角观测瞄准目标时，中横丝应通过目标的几何中心（如觇牌）或切于目标的顶部（如标杆）；每次竖直度盘读数前，应使竖盘水准管气泡居中（具有竖盘指标自动归零装置的除外）。

2）计算竖直角和竖盘指标差时，应注意正、负号。

3）应作好竖直角观测和竖盘指标差计算记录，并作为实习成果上交。

五、实习报告

将竖直角观测成果记入表 A-6 并计算。

表 A-6　竖直角观测手簿

测站	目标	竖盘位置	竖盘读数 ° ′ ″	竖直角 ° ′ ″	平均竖直角 ° ′ ″	指标差 x ″	备注
		左					
		右					
		左					
		右					
		左					
		右					
		左					
		右					
		左					
		右					

训练七　距 离 丈 量

一、目的和要求

1）掌握钢尺量距的一般方法。

2）要求往、返丈量距离，相对误差不大于 1/3000。

二、仪器和工具

钢尺 1 把，标杆 3 个，测钎 6 根，木桩 2 个，斧 1 把，记录本 1 本。

三、方法和步骤（略）

四、注意事项

1）钢尺拉出或卷入时不应过快，不得握住尺盒来拉紧钢尺。

2）钢尺必须经过检定后才能使用。

五、实习报告

完成表 A-7。

表 A-7 钢尺量距

表 A-7 钢尺量距

测线	方向	整尺段数 长度/m	零尺段数 长度/m	总计/m	较差/m	平均值/m	相对误差	备注

训练八 测设的基本工作

一、目的和要求

1）练习用精确法测设已知水平角，要求角度误差不超过 ±40″。

2）练习测设已知水平距离，测设精度要求相对误差不应低于 1/5000。

3）练习测设已知高程点，要求误差不大于 ±8mm。

二、仪器和工具

经纬仪 1 台，水准仪 1 台，水准尺 1 把，钢尺 1 把，皮尺 1 把，斧 1 把，温度计 1 个，弹簧秤 1 个，记录本 1 本，伞 1 把，测钎 6 根，木桩 6 个。

三、方法和步骤

1）测设角值为 β 的水平角。

① 在地面上选 A、B 两点打桩，作为已知方向，安置经纬仪于 B 点，瞄准 A 点并使水平度盘读数为 0°00′00″（或略大于 0°）。

② 顺时针方向转动照准部，使度盘读数为 β（或 A 方向读数 $+\beta$），在此方向打桩为 C 点，在桩顶标出视线方向和 C 点的点位，并量出 BC 距离。用测回法观测 $\angle ABC$ 两个测回，取其平均值为 β_1；计算改正数 $\overline{CC_1} = D_{BC} \dfrac{(\beta - \beta_1)}{\rho''} = D_{BC} \dfrac{\Delta\beta''}{\rho''}$，过 C 点作 BC 的垂线，沿垂线向外（$\beta > \beta_1$）或向内（$\beta < \beta_1$）量取 CC_1 定出 C_1 点，则 $\angle ABC_1$ 即为要测设的 β 角。再次检测改正，直到满足精度要求为止。

2）测设长度为 D 的水平距离。利用测设水平角的桩点，沿 BC_1 方向测设水平距离为 D 的线段 BE。

① 安置经纬仪于 B 点，用钢尺沿 BC_1 方向概量长度 D，并钉出各尺段桩，用检定过的钢尺按精密量距的方法往、返测定距离，并记下丈量时的温度（估读至 0.5℃）。

② 用水准仪往、返测量各桩顶间的高差，两次测得高差之差不超过 10mm 时，取其平均值作为结果。

③ 将往、返丈量的距离分别加尺长、温度和倾斜改正后，取其平均值为 D′ 与要测设的长度 D 相比较求出改正数 $\Delta D = D - D'$。

④ 若 ΔD 为负，则应由 E 点向 B 点改正；若 ΔD 为正，则以相反的方向改正。最后再

检测 BE 的距离，它与设计的距离之差的相对误差不得大于 1/5000。

3）测设已知高程 $H_设$。

① 在水准点 A 与待测高程点 B（打一木桩）之间安置水准仪，读取 A 点的后视读数 a，根据水准点高程 H_A 和待测设点 B 的高程 $H_设$，计算出 B 点的前视读数 $b = H_A + a - H_设$。

② 使水准尺紧贴 B 点木桩侧面上、下移动，当视线水平，中丝对准尺上读数为 b 时，沿尺底在木桩上画线，即为测设的高程位置。

重新测定上述尺底线的高程，检查误差是否超限。

四、实验报告

1）水平角测设。

① 测设过程描述：

② 完成水平角测设手簿（表 A-8）。

表 A-8　水平角测设手簿

测站	设计角值 ° ′ ″	竖盘位置	目标	水平度盘置数 ° ′ ″	测设略图	备注
		左				
		右				
		左				
		右				

③ 完成水平角检测手簿（表 A-9）。

表 A-9　水平角检测手簿

测站	竖盘	目标	水平度盘置数 ° ′ ″	角值 ° ′ ″	平均角值 ° ′ ″	备注

2）距离测设。

① 测设过程描述：

② 完成距离测设手簿（表 A-10）。

表 A-10　距离测设手簿

线名	设计距离 D/m	测设钢尺读数/m		精密检测距离 D/m	距离改正数 $\Delta D = D' - D/$ mm	备注
		后端	前端			

③ 完成距离检测手簿（表 A-11）。

表 A-11　距离检测手簿

钢尺号码：　　　　　　　　钢尺膨胀系数：　　　　　　　钢尺检定温度：

钢尺名义长度：　　　　　　钢尺检定长度：　　　　　　　钢尺检定拉力：

尺段	次数	前尺读数/m	后尺读数/m	尺段长度/m	温度改正数/mm	高差改正数/mm	尺长改正数/mm	改正后尺段长度/m	备注

3）高程测设。

① 测设过程描述：

② 完成高程测设手簿（表 A-12）。

表 A-12　高程测设手簿

测站	水准点号	水准点高程	后视	视线高	测点编号	设计高程	桩顶应读数	桩顶实读数	桩顶挖填数

③ 完成高程检测手簿（表 A-13）。

表 A-13　高程检测手簿

测站	水准点号	水准点高程	后视	视线高	测点编号	设计高程	检测高程	测设误差

训练九　小型建筑物的定位、放线

一、目的和要求

1）掌握根据建筑基线或原有建筑物测设新建筑物的定位方法。

2）每个实习小组应独立完成测设一幢新建筑物的四个外墙轴线交点桩。

3）角度测设的限差应在 $90° \pm 1'$，距离测设的相对误差不大于 1/5000，高程测设的限差不大于 $\pm 8\text{mm}$。

二、仪器和工具

经纬仪 1 台，钢尺 1 把，斧 1 把，记录本 1 本，测钎 6 根，木桩和小钉各 8 个，背包 1 个。

三、方法和步骤

方法：利用原有建筑物测设新建筑物（直角坐标法）。

在图 A-1 中，给出新建筑物与原有建筑物之间的平面尺寸关系，在去现场测设之前，应根据设计放样图，计算测设所需的测设数据，并绘出详细的测设草图然后再到现场测设，测设步骤如下。

1）在图 A-1 中，从原有建筑物的东、西外墙角处，向外引垂线（利用勾股定理），用钢尺各量出 3m，得 M、N 两点，并打桩钉钉，作为标记。

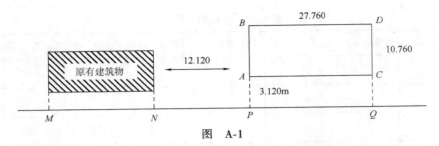

图 A-1

2）将经纬仪安置在 M 点处，对中、整平后，瞄准 N 点，从 N 点向外测设已知距离 39.880m 和 12.120m，得 Q、P 两点，并打桩钉钉，作为过渡点。

3）在 P、Q 两点处分别安置经纬仪，对中、整平后，盘左位置，瞄准 M 点，将水平度盘配置为 0°00′00″，顺时针方向测设 90°的已知水平角，得 PB，QD 方向线，从 P 点、Q 点起，沿 PB 和 QD 方向线分别测设 13.880 和 3.120m 得 A、B、C、D 四个定位点，并打桩钉一小钉。再将仪器置于盘右位置，将水平度盘配置为 270°00′00″，检查 A、B、C、D 四个点与盘左时是否重合，如不重合取其中点。最终得到的 A、B、C、D 四个点就是新建建筑物的角桩。

4）测设精度检查：用钢尺量出 BD 边长，与设计边长 27.760m 的相对误差应不大于 1/5000。实测 A、B、C、D 四个内角中三个角与设计角值 90°之差不超过 ±1′。

四、实习报告

1）绘制与图 A-1 相似的测设略图。

2）完成测设数据计算表格（表 A-14、表 A-15）。

表 A-14　内角检查记录

测站	竖盘位置	目标	水平度盘读数 °′″	半测回角值 °′″	测回平均值 °′″	误差值 ″

表 A-15　边长检查记录

边长名称	实际长度 $D_实/m$	设计长度 $D_设/m$	边长较差 $(\Delta D = D_实 - D_设)/m$	相对精度 $k = \dfrac{1}{D_设/\Delta D}$

训练十　全站仪的使用

一、实习目的

1）掌握全站仪的结构及常用功能，学会全站仪的数据传输。

2）练习角度测量、距离测量、坐标测量、标准测量、对边测量、悬高测量、点放样、距离放样、面积计算。

二、仪器及工具

全站仪 1 台，棱镜 2 个，三脚架 2 台，记录本 1 本，伞 1 把。

三、方法和步骤

（1）全站仪的安置

1）安置三脚架：首先将三脚架打开，伸到适当高度，然后拧紧三个固定螺旋。

2）将仪器安置到三脚架上：将仪器小心地安置到三脚架上，松开中心连接螺旋，在架头上轻移仪器，直到锤球对准测站点标志中心，然后轻轻拧紧连接螺旋。

3）利用圆水准器粗平仪器。

① 旋转两个脚螺旋，使圆水准器气泡移到与这两个脚螺旋中心连线相垂直的一条直线上。

② 旋转第三个脚螺旋，使圆水准器气泡居中。

4）利用长水准器精平仪器。

① 松开水平制动螺旋、转动仪器使管水准器平行于某一对脚螺旋的连线。再旋转这两个脚螺旋，使管水准器气泡居中。

② 将仪器绕竖轴旋转 90°，再旋转另一个脚螺旋，使管水准器气泡居中。

③ 再次旋转 90°，重复①和②，直至在 4 个位置上气泡都居中为止。

5）利用光学对中器对中。根据观测者的视力调节光学对中器望远镜的目镜。松开中心连接螺旋、轻移仪器，将光学对中器的中心标志对准测站点，然后拧紧连接螺旋。在轻移仪器时不要让仪器在架头上有转动，以尽可能减少气泡的偏移。

6）最后精平仪器。按第 4）步精确整平仪器，直到不论仪器旋转到任何位置，管水准气泡始终居中为止，然后拧紧连接螺旋。

（2）全站仪的使用　不同型号的全站仪，其具体操作方法会有较大的差异。下面简要介绍全站仪的基本操作与使用方法。

1）水平角测量。

① 按角度测量键，使全站仪处于角度测量模式，瞄准第一个目标 M。

② 设置 M 方向的水平度盘读数为 0°00′00″。

③ 瞄准第二个目标 M，此时显示的水平度盘读数即为两方向间的水平夹角。

2）距离测量。

① 设置棱镜常数。测距前须将棱镜常数输入仪器中，仪器会自动对所测距离进行改正。

② 设置大气改正值或气温、气压值。光在大气中的传播速度会随大气的温度和气压而变化，15℃ 和 760mmHg 是仪器设置的一个标准值，此时的大气改正值为 0。实测时，可输入温度和气压值，全站仪会自动计算大气改正值（也可直接输入大气改正值），并对测距结果进行改正。

③ 量仪器高、棱镜高并输入全站仪。

④ 距离测量。瞄准目标棱镜中心，按测距键，距离测量开始，测距完成时显示斜距、平距和高差。

全站仪的测距模式有精测模式、跟踪模式、粗测模式三种。精测模式是最常用的测距模式，测量时间约 2.5s，最小显示单位 1mm；跟踪模式常用于跟踪移动目标或放样时连续测距，最小显示一般为 1cm，每次测距时间约 0.3s；粗测模式，测量时间约 0.7s，最小显示单位 1cm 或 1mm。在距离测量或坐标测量时，可按测距模式（MODE）键选择不同的测距模式。应注意，有些型号的全站仪在距离测量时不能设定仪器高和棱镜高，显示的高差值是全站仪横轴中心与棱镜中心的高差。

3）坐标测量。

① 设定测站点度盘读数为其方位角。当设定后视点的坐标时，全站仪会自动计算后视方向的方位角，并设定后视方向的水平度盘读数为其方位角。

② 设置棱镜常数。

③ 设置大气改正值或气温、气压值。

④ 量仪器高、棱镜高并输入全站仪。

⑤ 瞄准目标棱镜，按坐标测量键，全站仪开始测距并计算显示测点的三维坐标。

4）坐标放样。

① 定向，参照 3）中前①、②、③、④步骤。

② 输入待放样点坐标数据，按确定键，仪器显示测站点至放样点方位角 HR、水平距离 HD。

③ 继续确定，此时仪器显示望远镜方向与放样方向夹角 dHR、距离差 dHD。

④ 设置距离测量跟踪模式，指挥扶镜人员直至 dHR、dHD 接近 0，并做好标记；过程中若 dHD < 0，则指挥扶镜人往后，反之向前。

⑤ 检核，测量标记点坐标与放样点坐标比较，保证放样精度。

四、实习报告

实习完毕，完成表 A-16 和表 A-17。

表 A-16　全站仪测量记录表

测站	测回	仪器高/m	棱镜高/m	竖盘位置	水平角观测		竖直角观测		距离高差测量			坐标测量		
					水平度盘读数 ° ′ ″	方向值或角值 ° ′ ″	竖直度盘读数 ° ′ ″	竖直角 ° ′ ″	斜距/m	平距/m	高程/m	X/m	Y/m	H/m

表 A-17 全站仪坐标放样记录、计算表

地点：   日期：   天气：

操作：   记录：   计算：

测站设置信息

属性	点号	坐标/m		属性	点号	坐标/m
测站点		X：		后视点		X：
		Y：				Y：
		H：				H：
定向检核点		X：		测站点→后视点方位角		°　′　″
		Y：				
检核点实测坐标		X：		测站点→后视点距离		m
		Y：				

待放样点信息

点号	放样点坐标/m			放样点坐标检查/m			偏差/m	
	X	Y	H	X	Y	H	ΔX	ΔY

示意图：

附录 B 综合训练 （3 周）

一、综合训练目的

综合实训是建筑工程测量教学中的一个重要的实践性教学环节。通过实训，能够使学生了解建筑施工测量的工作过程；熟练地掌握测量仪器的操作方法和记录计算方法；掌握水准仪、经纬仪和全站仪的检验方法；能够测绘平面图；能够根据工程情况编制施工测量方案，掌握施工放样的基本方法；了解测量新仪器、新技术；培养学生的动手能力和解决实际问题的能力；培养学生严谨求实、吃苦耐劳、爱护仪器工具、团结合作的职业道德。

二、综合实训计划与设备

1）时间安排为 3 周，计划安排见表 B-1。实训按小组进行，每组 5～6 人，选组长一人，负责组内的实训分工和仪器管理。实训场地为测量实训基地。

表 B-1 实训计划安排

序号	项目与内容	时间/天	任务与要求
1	实训动员，借领仪器，仪器检验	2	布置实训任务，做好实训前准备工作，对水准仪、经纬仪进行检验
2	施工测量方案制定	1	在地形图上设计一幢建筑物和建筑基线，制定出施工测量方案
3	平面图的测绘、施工控制测量	4	测绘平面图；根据实训场地原有控制点测设建筑基线；根据已知水准点，测定施工场地水准点（如实训 2 周，则不安排平面图的测绘）
4	建筑物的定位、放线、高程测设	3	根据建筑基线进行民用建筑物的定位放线，±0.000 标志的测设
5	检查建筑物定位放样结果	1	对建筑物定位放线进行验线检查
6	全站仪的练习使用	1	对全站仪进行练习巩固
7	仪器操作考核（或考取测量证书）	2	经纬仪、水准仪操作考核
8	还仪器工具，编写、上交实训报告书	1	
	合计	15	

2）每组配备的仪器和工具。

① 领取：DJ_6 型经纬仪或电子经纬仪 1 台，DS_3 型水准仪（或自动安平水准仪）1 台，全站仪 1 台，钢尺、皮尺各 1 把，水准尺 2 把，小平板 1 套，尺垫 2 个，锤球 1 个，量角器 1 个，三棱比例尺 1 把，测伞 1 把，斧头 1 把，工具包 1 个，木桩、小铁钉若干，红油漆、白灰、记录计算表格。

② 自备：计算器、铅笔（2H～4H）、三角板、橡皮、胶带纸、绘图纸。

三、综合实训纪律要求

1) 严格校风校纪,不得无故迟到、早退、缺勤。实习期间不准请事假,如有特殊情况,应报组织管理教师批准。

2) 讲究文明礼貌,遵纪守法。遵守群众纪律,注意道德修养。不得有打人、骂人、污辱他人等现象发生。

3) 爱护和妥善使用仪器,如有损坏和丢失,应及时向组织管理教师汇报;教师应及时检验,并根据实际情况,按学校有关规定处理。对于隐瞒事故、知情不报的小组,还要追究组长责任,并对责任人加重处理。

四、综合实训事项

1) 实习小组成员应服从领导、听从指挥、爱护仪器,管好实习资料,努力工作,争取提前完成任务。

2) 应认真阅读实习指导书及其他附件,要保证测量的质量,发现错误,及时返工。

3) 加强同学之间、师生之间的团结,注意搞好群众关系;严格作息时间;注意气候变化,及时增减衣服;注意饮食卫生,以保健康;注意交通安全。

4) 提高警惕,防止仪器设备丢失和意外事故的发生,否则事故责任由当事人承担。

五、实训内容与技术要求

实训中所依据的规范为《工程测量规范》(GB 50026—2007) 和《国家基本比例尺地图图式 第1部分:1:500 1:1000 1:2000地形图图式》(GB/T 20257.1—2017)。

1. 仪器的检验

对水准仪(自动安平水准仪)、经纬仪(电子经纬仪)和全站仪进行检验(方法、要求,见本书相关单元)。

2. 施工测量方案制定

1) 各组在自测的地形图上设计三点"一"字形或三点"L"形建筑基线,根据基线主点在图上的位置确定其坐标;在建筑基线的一侧,设计一幢平行于建筑基线的房屋,并提供房角点设计坐标及室内地坪的设计高程。

2) 制定施工测量方案:根据设计要求、定位条件、现场地形和施工方案等因素制定施工测量方案。

3. 施工控制测量

1) 根据控制点测设建筑基线。一般要求测角中误差应小于 ±20″,边长相对中误差应小于 1/10000。

2) 根据已知水准点测定施工场地水准点(采用四等水准测量和闭合或附合水准路线)。

4. 建筑物的定位、放线、测设 ±0.000 标志

1) 根据建筑基线进行建筑物的定位。根据设计建筑物与建筑基线平行或垂直的关系,可用直角坐标法测设建筑物角点(建筑外廓轴线的交点)桩,并检测轴线的长度及其交角,误差分别不超过 1/3000 和 ±60″。

2) 建筑物的放线。根据已测设的角点桩,详细测设其他各轴线交点桩(中心桩),并测设轴线控制桩(引桩)或龙门板,然后根据中心桩(或龙门板上中心钉)检查轴线的间距,其相对误差不应超过 1/2000。经检验合格后,根据轴线控制桩按基础宽和放坡宽用白灰撒出基槽开挖边界线。

3）测设 ±0.000 标志。根据在场地上建立的水准点，用水准仪视线高法将 ±0.000 标志测设在轴线控制桩、附近的建筑物墙面上，用油漆做好标记。

5. 检查建筑物定位放样结果

经自检和互检后，填写"预检工程检查记录单"，并附"工程定位测量记录"，方可提请验线。定位验线的主要内容包括：

1）验定位依据的控制桩位置是否正确，有无碰动。

2）验定位条件的几何尺寸是否正确。

3）验建筑物平面控制网与控制点的点位是否准确，桩位是否牢固。

4）验建筑物外廓轴线间距及主要轴线间距是否正确。

5）经自检验线合格后，应填写"施工测量放线报验单"，提请老师验线。

6. 仪器操作考核

1）水准仪操作考核：考核内容和要求见表 B-2。

2）经纬仪操作考核：考核内容和要求见表 B-3。

7. 参观考察

到施工现场参观或到仪器公司参观，了解测量新仪器、新技术。

8. 编制实训报告书

实训报告的格式和内容如下：

1）封面：实训名称、地点、时间、班、组、编写人、指导教师。

2）目录。

3）前言：简述实训目的、任务、测区概况、实训过程。

4）实习内容：叙述测量内容、方法、精度要求、计算成果及示意图等。

5）实训体会：介绍通过实训所取得的成绩和存在的不足，以及所遇到的问题和解决问题的办法，并对实训提出意见和建议等。

9. 应交资料

1）小组应交成果：

① 水准仪、经纬仪检验成果表。

② 1:500 施工场地平面图一张。

③ 外业观测资料：包括测角、量边、水准测量、线路测量等记录计算资料。

④ 预检工程检查记录表、工程定位测量记录表和施工测量放线报验单。

2）个人应交成果：

① 建筑基线、建筑物测设数据计算和实地检测成果。

② 场地平整填挖土方工程量计算书一份。

③ 施工测量方案一份。

④ 实训报告。

六、实训成绩的考核

成绩评定分为优、良、及格、不及格。凡实训缺勤、违反纪律、不交成果资料和实训报告、损坏仪器工具等行为，根据情节，降低成绩等级或不予及格。

七、仪器操作考核

1）水准仪操作考核。考核内容和要求见表 B-2。

表 B-2　水准仪操作考核标准

序号	考核项目	技术要求	优	良	及格	不及格（其中一项）
1	安置	高度适平，架头大致水平	$t<4'$ 且全部达到要求	$4'<t<6'$ 且全部达到要求	$6'<t<8'$ 且全部达到要求	1. $t>8'$ 2. 气泡偏离 >1 格 3. 符合水准气泡不吻合 4. 观测程序错误 5. 记录计算或结果错误 6. 两次高差之差 >6mm
2	粗平	气泡偏离 <1 格				
3	照准	照准准确，无视差				
4	精平	符合水准气泡吻合				
5	双面尺法进行一个测站的观测	观测程序正确				
6	记录计算	记录计算和结果正确				
7	限差	两次高差之差 <6mm				

注：1. t—操作时间。

2. 两人一组，用双面尺法进行一个测站的观测。一人观测，一人记录。

2）经纬仪操作考核。考核内容和要求见表 B-3。

表 B-3　经纬仪操作考核标准

序号	考核项目	技术要求	优	良	及格	不及格（其中一项）
1	对中	对中误差≤3mm	$t<5'$ 且全部达到要求	$5'<t<8'$ 且全部达到要求	$8'<t<12'$ 且全部达到要求	1. $t>12'$ 2. 对中误差 >3mm 3. 气泡偏离 >1 格 4. 观测程序错误 5. 记录计算或结果错误 6. 上下半测回互差超限
2	整平	气泡偏离 <1 格				
3	照准	准确，无视差				
4	测回法观测水平角一测回	观测程序正确				
5	记录计算	记录计算和结果正确				
6	限差	上下半测回互差 ≤40″				

注：1. t—操作时间。

2. 两人一组，用测回法一测回观测一个水平角。一人观测，一人记录。